纺织服装高等教育"十二五"部委级规划教材

# 成衣板型设计·连衣裙篇

## Chengyi banxing sheji lianyiqunpian

丛书主编　徐　东
编　著　李　彤

东华大学出版社

## 内容提要

书中系统介绍了服装企业成衣板型设计部门及其工作流程,介绍了连衣裙的廓型及成衣规格、连衣裙板型设计方法、工业样板制作及排料技术。针对服装企业成衣产品设计与开发的任务要求,结合连衣裙板型设计实例,详述了企业依据来样、订单或设计效果图、产品图片制作连衣裙工业样板的操作方法与步骤。通过讲述连衣裙样衣试制的技术要领,详解了连衣裙缝制工艺流程,最后,还为读者提供了时尚经典的连衣裙板型设计范例,增加了板型应用方面的知识。

### 图书在版编目(CIP)数据

成衣板型设计·连衣裙篇/徐东主编;李彤编著.
—上海:东华大学出版社,2013.6
ISBN 978-7-5669-0150-7

Ⅰ.①成… Ⅱ.①徐… ②李… Ⅲ.①连衣裙—服装设计 Ⅳ.①TS941.2

中国版本图书馆CIP数据核字(2012)第236555号

责任编辑:马文娟
责编助理:李伟伟
封面设计:孙 静

出　　版:东华大学出版社(上海市延安西路1882号,200051)
本社网址:http://www.dhupress.net
天猫旗舰店:http://dhdx.tmall.com
营销中心:021-62193056　62373056　62379558
印　　刷:苏州望电印刷有限公司
开　　本:889×1194　1/16
印　　张:11.5
字　　数:405千字
版　　次:2013年6月第1版
印　　次:2013年6月第1次印刷
书　　号:ISBN 978-7-5669-0150-7/TS·350
定　　价:36.00元

# 前　言

　　随着世界服装行业信息化、集群化、市场化、网络化的程度日益提高，现代服装企业的成衣设计竞争更是日趋激烈，国内服装企业也在发展中逐步由代工生产转向自主开发、由贴牌转向创建品牌。近年来，服装产业升级对掌握新工艺、新技术的服装专业人才的需求不断上升，对入职者的适岗能力提出了更高的要求。因此，服装高等教育模式、教学内容和方法也需要面向行业及时调整、改革与创新。

　　成衣板型设计是服装设计的关键环节，也是服装设计教学的主要内容。服装板型设计决定了服装的造型、结构与品质，是服装从立体到平面、从平面到立体转变的关键，也是服装裁剪与缝制工艺的技术保障，设计的美感、独创性的思维与丰富的形象表现力，需要服装结构与工艺设计来表达。因此，只有当服装设计人员具有较高的艺术素养和对服装结构、工艺设计的充分理解，才能将服装设计艺术表达极致。

　　在与服装企业合作成衣设计开发和工作室制教学改革实践中，我们重新梳理了服装设计教学体系，将理论与应用结合、设计与市场结合的理念付诸实践。针对服装企业成衣设计开发的工业化、批量化、标准化特点，培养学生的职业性信息判断、吸纳和整合优化能力，深化对现代成衣设计功能的理解，把企业的工作标准规范如：设计程序规范、打板的尺寸与标准规范、生产图标准、工艺制作中的量化质量要求等，作为教学和实训的标准。让学生了解企业的设计程序、设计规范等；按企业的设计和生产单进行产品开发的方案策划、产品设计、结构图和工艺单制作实训，强调实用性，具有创意性，提高学生应用与创新设计能力。

　　这套《成衣板型设计》丛书由天津工业大学徐东教授主编并统稿，分别为《成衣板型设计·连衣裙篇》《成衣板型设计·外套篇》《成衣板型设计·裤装篇》等等。

本册《成衣板型设计·连衣裙篇》由天津工业大学艺术与服装学院李彤老师编著。书中系统介绍了服装企业成衣板型设计部门及其工作流程,介绍了连衣裙的廓型及成衣规格;连衣裙板型设计方法;工业样板制作及排料技术。针对服装企业成衣产品设计与开发的任务要求,结合连衣裙板型设计实例,详述了企业依据来样、订单或设计效果图、产品图片制作连衣裙工业样板的操作方法与步骤。通过讲述连衣裙样衣试制的技术要领,详解了连衣裙缝制工艺流程。最后,还为读者提供了时尚经典的连衣裙板型设计范例,增加了板型应用方面的知识。

全书图文并茂,文字简练,范例经典,既有理论分析,又有操作实例,具有较强的可读性、实用性、技术性和前瞻性,可为从事成衣设计与生产的技术人员与服装专业教学人员提供一定的参考。书中对于成衣板型结构设计制图和缝制工艺步骤简述要领,图示关键部位、关键步骤,更适合于有一定服装制作基础的读者,由于书中图例较多,源自不同服装企业的技术文件的不统一,书中难免有疏漏之处,诚请广大读者、同行提出宝贵意见。

徐 东

# 目 录

# CONTENTS

# 第一章
# 成衣企业板型设计部门——板房

板房是服装生产企业的一个重要的技术部门,主要负责成衣生产中所需要的服装板型设计、推板等工业生产系列样板的制作和样品试制等工作,习惯上称之为板房,有些企业称之为技术部。

## 第一节 板房在服装生产中的作用

### 一、成衣企业组织职能架构

服装企业组织机构的设置,因企业规模和经营方式的不同而有所区别。服装企业按生产性质和规模划分,主要有集设计、生产、营销于一体的品牌运作型企业,外贸加工型企业和贴牌加工型企业,以及中小产销型企业。

大、中型自主品牌企业一般主要包括产品设计部、生产部、营销部和管理部,各部门设置齐全,分工明确,板房隶属于设计部,如图1-1所示;加工型企业和中小产销型企业各部门设置相对简单,但多数人员需要身兼数职,如图1-2和图1-3所示。

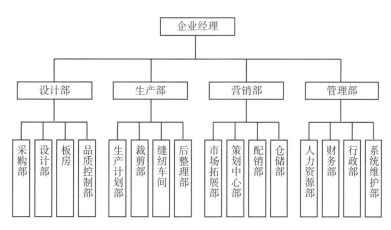

图1-1 大中型自主品牌企业组织架构图

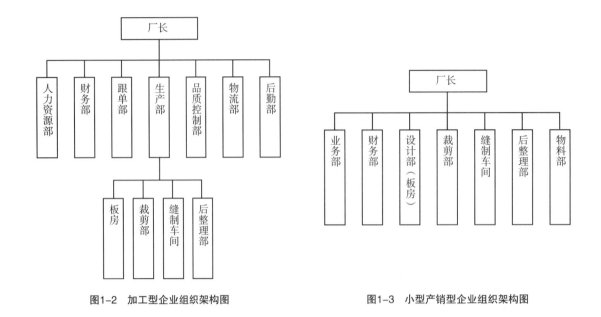

图1-2　加工型企业组织架构图　　　　图1-3　小型产销型企业组织架构图

## 二、板房组织结构图

　　板房由板房主管负责,按照各自在服装工业生产中的具体职责,下设打板师、推板师、工艺员、样衣工、样板复核员、样板样衣管理员等不同岗位,如图1-4所示。在有些小型企业中,样板复核员由工艺员兼任,样板样衣管理员也由工艺员兼任。

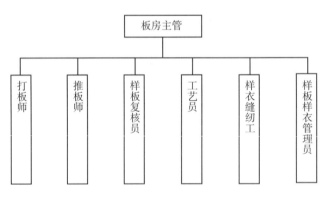

图1-4　板房组织结构图

## 三、板房在服装生产中的作用

　　板房在服装企业中是一个重要的技术部门,它的作用贯穿于整个服装生产过程。在服装产品企划阶段,配合设计师收集各类服装流行信息及情报,配合设计师、采购人员选择面料样品,进行面料性能测试,如缩水率、缝缩率等;在服装样衣试制阶段,确定产品规格,试衣样板的绘制,制定样衣缝制工艺说明书;在样衣评估分析阶段,与设计师、销售人员一起进行试穿评估,修正样板,调整样品,计算用料,与设计师、供应人员配合进行成品核算;在生产准备阶段,制定绘制工业生产系列样板;在生产阶段,配合车间参与现场技术指导,生产中产品质量检查;在成品检查阶段,配合质检部门参与外观质量检查,规格尺寸检查等。

# 第二节 板房岗位及职责

## 一、板房职能

从服装企业的组织机构中可以看到,板房是服装工业生产过程中一个不可缺少的部门。在产、销一体的服装品牌运作型企业中,板房与设计部门是密切的"合作伙伴",共同参与产品开发。产销型服装品牌企业的产品开发工作流程一般如图1-5所示。有些中小型企业把设计部与板房合二为一。在服装企业运营中,新产品开发过程中的样板制作及成本核算所需的资料都由板房完成。在生产样板确认之后,打板师需进行推板工作,并制作出整套工业样板,以供生产使用。

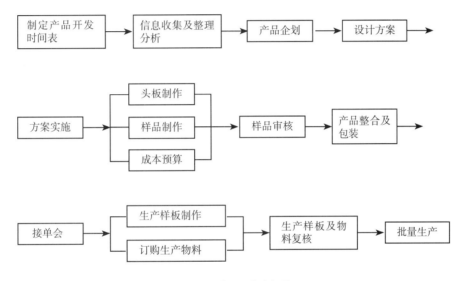

图1-5 产品开发流程图

在外贸加工型企业,一般设计部门,板房与跟单部(业务部)是密切的"合作伙伴"。有些中小型加工企业,不设跟单部,跟单员编制归板房。跟单员收到制版通知单后,先制订制版计划,然后通知板房按规定的时间制版,板房制好样品后、先经企业内部审批确认,经确认合格后,由跟单员将样品寄给客户;若内部确认不合格,则需重新制作。

可见,不论在产销一体的自主品牌企业还是外贸加工型企业,板房都是服装生产机构中的重要技术部门,它负责制版、样品试制、推板、工艺设计和劳动定额设定(工分)等相关生产技术资料的准备以及为服装批量生产提供技术指导。

## 二、板房岗位描述

板房由板房主管负责,按照各自在服装工业生产中的具体职责,下设打板师、推板师、工艺员、样衣工、样板复核员、样板样衣管理员等不同岗位。

板房主管负责板房的全面工作,包括内部分工和技术监督、指导以及和相关部门的沟通。

打板师负责新产品母板的制作及样品的确认工作;

推板师负责根据确认后的母板制定规格档差并进行推板;

工艺员负责工序分析,编制生产工序流程图,制定各工序的劳动定额等各项技术文件;

样衣工负责样品的试制工作;

样板复核员负责复核生产所需的全套工业样板;

样板样衣管理员负责样板和样衣的保管,并建立使用记录和存档档案。

## 三、岗位工作职责

### 1. 板房主管

板房主管应具有丰富的生产实践经验,熟悉制版、推板技术,掌握缝制工艺技术及工艺流程,能够快速接受和应对新产品、新款式、新材料和新工艺的技术要求。板房主管的岗位职责如下:

(1)接受上级或相关部门下达的任务,并做好板房内部的任务分派。

(2)做好与相关部门的协作和沟通工作。

(3)考核下属的工作绩效。

(4)解答或协助解决下属各岗位工作中遇到的疑难问题,并对下属和相关生产部门进行必要的技术指导。

(5)负责样品的审查和工业样板、工艺单、劳动定额的复核。

(6)与设计部门或跟单部门一起进行样品确认。

### 2. 打板师

打板师应对服装结构设计原理有深刻地认识,具备一定的审美能力和服装立体造型能力,熟悉缝制工艺,善于把握不同面料对板型的影响,有较强的责任心。打板师的岗位职责如下:

(1)分析款式图或客户的来样,研究材料、款式造型、规格尺寸和工艺要求等,制作母板。

(2)做好样板审核工作,样板上文字标注齐全后,交样板管理员登记。

(3)跟进样品的试制与确认情况。

(4)根据样品确认的反馈信息进一步校正纸样,并制作配套的大货生产工艺样板。

(5)服从主管安排,完成主管交办的临时性工作。

### 3. 推板师

推板师应对服装结构设计和推板原理有深刻地认识,熟悉服装规格系列、规格档差和缝制工艺,工作细心,责任心强。在传统的服装生产中,制版与推板工作都由打板师手工完成。随着服装 CAD 系统的推广与应用,有些企业把制版与推板工作分开,采用手工绘图制版,利用服装 CAD 系统进行推板与排料。此时,推板师的岗位职责如下:

(1)领取母板纸样。

(2)根据生产制造单分析款式图特点和规格尺寸,制订规格档差。

(3)利用数字化仪(读图仪)将母板纸样输入电脑。

(4)在电脑上推板、排料,并保存文档。

(5)将母板纸样返还样板管理员。

### 4. 样板复核员

熟悉制版、推板技术,掌握缝制工艺技术及工艺流程,工作细心,责任心强。样板复核员的岗位职责如下:

做好工业样板的各项复核工作,及时与板师沟通,做好反馈记录,最后交样板管理员登记(小型板房也可由板房主管兼任)。

### 5. 工艺员

工艺员应熟悉服装缝制工艺,并且有丰富的服装工业化流水线生产安排的实践经验,熟悉服装工艺要求和质量标准,了解制衣设备,懂得工序分析和工时测试方法。板房工艺员的岗位职责如下:

(1)配合打板师做好新面料的缩水率、热缩率等性能指标的测试。

(2)参与样品试制,观察缝制方法,测定工时。

(3)根据确认样品和制造通知单认真进行工序分析,编制生产工序流程图,设定各工序的加工单价(即劳动定额设定,有些企业由专人负责)。

(4)了解缝制车间的执行情况,对工序划分与工时定额的合理性进行分析和总结,并及时反馈给上级主管。

(5)做好技术文件的分派、归档和保密工作。

### 6. 样衣缝纫工

样衣缝纫工应具备娴熟的缝制技巧,善于分析来样的工艺技术要求、设备要求和加工方法,责任心强,工艺质量好。板房样衣缝纫工的岗位职责如下:

(1)认真分析工艺单和客供样品的要求,了解产品特点。

(2)审核清点各部件材料,不符合工艺单要求不准制作。

(3)精工细做,保质、保量、保时,达到预期的工艺质量和设计效果。

(4)配合工艺员做好工时测定工作。

(5)及时反馈制作中所遇问题,包括材料的利用是否正确、纸样是否存在缺陷等。

(6)服从主管安排,完成主管交办的临时性工作。

### 7. 样板样衣管理员

样板样衣管理员对服装生产应有较为全面地基本认识,责任心强,有较好的协作精神。样板样衣管理员的岗位职责如下:

(1)负责样板、样衣的保管,做好存取记录。

(2)持工艺单到仓库领取各种生产所需材料(有些企业板房规模较大,款式多,样板与样衣的存取工作量大,设专人负责)。

(3)裁剪面、辅料供缝纫技工缝制等(有些企业板房规模较大,款式多,面辅料裁剪工作量大,设专人负责裁剪)。

# 第三节　板房的工作流程

## 一、板房的工作流程

板房的工作按客户的要求一般分为按效果图或照片制版、按制单制版、按样衣制版、按样衣和制单制版几种形式,无论哪种形式,制版的工作流程基本上是一致的。

板房的工作从领取任务后便开始,首先根据客户的要求确定基础规格、样板规格和打板码,选择适合的制版方法,打板后进行样品试制,依据样品效果,往往需经过修板后再次进行样品试制,先由企业内部确认,最后经过客户确认后,再进行生产样板的制作,以及推板和排料等各项工作,如图1-6所示。

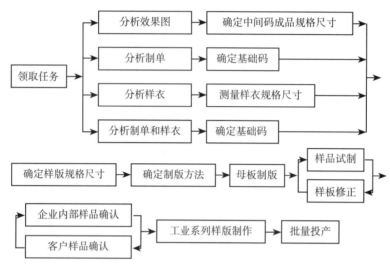

图1-6　板房工作流程图

## 二、制版与样衣制作流程

### 1. 确定基础规格

按制单制版时,通常制单中有多个规格(码),所以首先要确定试制样品的规格,然后以该码样板为母板推放出其他各码样板。有时制单中已规定试制样品的规格,则必须按制单规定制作样板,不能自行确定基础码。

基础码样板须经样品试制并进一步校正后,才可用于推放其他码的母板。为了在推板过程中最大限度地减少误差,一般选中间码作为基础码,这是因为由中间码向两边推板,要比从一端向另一端推板所经过的距离短,误差出现几率小。但在实际生产中,有时亦以各码的生产数量的多少来确定基础码。假设生产任务表1-1,则常以M码为基础码,这样可降低大多数产品出现误差的可能。

表1-1　服装生产任务

| 尺码 | S | M | L | XL | XXL |
|---|---|---|---|---|---|
| 数量(件) | 500 | 1200 | 800 | 200 | 100 |

### 2. 确定样板规格尺寸

一般制单所给出的是成品规格尺寸,考虑到面料的缩水率、热缩率和缝缩率等,制版前需将成品规格尺寸加上缩率换算出样板应有的尺寸,再按样板尺寸进行制图打板。成品洗水的服装在样板制作中,缩率是必须考虑的一环。一般情况下,主要考虑缩水率的影响。若材料经过缩水后再投产,则可直接按成品规格尺寸进行制图打板。

### 3.样品试制

根据基础码样板进行排料、裁剪，并严格按照工艺要求制作出实样，这个过程称为样品试制。对产销型服装企业来说，样品试制是产品开发过程的必要环节，它为决定该款投产与否提供决策依据。产销型企业的样品试制可分头板试制、接单板试制和生产板试制。对加工型服装企业来说，进行样品试制，一方面是应客户要求，另一方面是企业明确和熟悉加工要求的最好途径。通过样品试制，可以检验基础码样板，确定和设计与来样相符的面料、里料和辅料，测定材料用量，确定规格尺寸和加工工艺流程，测定工时和相关的工艺技术参数等。

### 4.样品确认

对试制出的样品进行检查，称为样品确认。主要检查样品整体效果是否达到要求，规格尺寸是否准确，工艺质量是否符合要求，材料的使用是否正确等。产销型企业的样品确认，一般由营销部门、生产部门和设计部门一起进行。加工型企业的样品确认，需先在企业内部进行认可，然后交由客户确认，在客户提出确认意见后，才可进行下一步的生产活动。

### 5.样板校正

打板师根据样品确认书所提出的要求对样板进行修改、校正，然后根据所需规格进行推板。有时可能要进行多次的样品试制、样品确认和样板校正。

## 三、CAD推板工作流程

推板又称放码，是指以经过校正后的样板为母板推放出其他规格样板的过程。在传统的服装生产中，制版与推板都是由打板师一人完成。随着服装CAD技术的推广与应用，许多企业的技术部门已经开始利用计算机、读图、绘图等设备，完成服装设计、制版、推板全部工作。也有部分企业把制版与推板工作分开进行。一般先由打板师采用手工制作基础板（母板），再由服装CAD技术人员（推板师）进行电脑放码与排料。

按照制单制版时，制单中一般已有规格系列的要求，只需计算出各号规格之间的档差，把它们按照一定的规律分配为各个部位档差，并且每块样板需确定一个基准点后才可进行推板；按效果图或样衣制版时，需要先在母板规格的基础上，参照服装号型标准推算出各个规格之间的档差，确定规格系列表，而且规格系列表必须经过客户确认后，方可进一步推算各部位档差，并确定基准点后进行推板，即系列生产样板的制作工作。

## 四、CAD排板工作流程

排板是指根据生产的需要，用已经确定的成套样板，按一定的号型搭配和技术标准的各项规定，进行组合套排或单排画样的过程。

排板是服装产品成批生产中最重要的一个技术环节，排板是否正确与合理直接影响到产品质量以及用料的成本等一系列问题，因此丝毫不可马虎，否则会带来不可弥补的损失。因此，排板前必须对产品的设计要求和制作工艺了解清楚，对使用的材料性能特点有所认识。排板中必须按照排板的技术要求，合理利用各种排板的工艺技巧，按照制单中生产数量的要求，合理搭配进行套排的规格和件数，最大限度的节约用料，降低生产成本。

## 五、工艺指导书制作与使用流程

在服装生产过程中,由于专用机器设备和劳动分工的不同,服装产品生产过程往往分成若干个工艺阶段,每个工艺阶段又分成不同的工种和一系列上下联系的工序。工艺指导书的制作就是指根据经客户确认的样品和制造通知单认真进行工序分析,将产品的加工过程,划分为若干独立的最小操作单元,编制生产工序流程图,设定各工序的加工单价和劳动定额,以及单件包装和整体装箱的要求。

工序分析是否合理,将直接影响生产效率和产品的质量。工序分析的方法和步骤一般包括:划分最细工序、确定工序的技术等级、确定机器设备的配置和确定劳动定额。通过绘制工序流程图,可以使作业人员快速了解产品的整个生产过程,明确自己担任的工作内容。工序流程图包括衣片部件工序流程分析和整件服装工序流程分析图。

# 第四节 板师的职业素质要求

板师不仅要做出好的板型,保证服装产品的品质,又要综合考虑各方面的因素,尽量地节省成本,这是企业追求的目标。通常制版前,板师要做大量的准备工作,如生产工艺对款式影响的预测、生产成品与样衣或效果图可能出现问题的预测、征询客户的认可度、征求上级主管的意见、与其他部门的沟通等。因此,板师应具备一定的职业素质和专业技术综合能力。

## 一、具有良好的程序性工作能力

熟悉新产品开发的全过程,熟悉板房的工作流程,具备良好的沟通能力,明确任务,方法得当。

## 二、熟悉本工作的相关知识

要求板师具有对流行的敏感性和分析能力,第一时间把握市场,特别是要熟悉流行的新材料(包括面料和辅料),以及新的加工工艺方法。

同时,打板师要对面辅料的价格、计件工资费率、生产数量、品质要求、交货期等相关因素有所了解,具有成本分析的能力。

成本分析是指打板师在有限的范围内要做的成本比较。例如,为了省料而把样板进行分割处理,虽然节省用料,但由于多了缝制工序而增加了加工成本和延长了生产时间,这就需要对所省用料的成本和增加的加工成本进行分析比较。

## 三、具备过硬的制版技术

能够根据不同的要求选择合适的制版方法,准确地把握服装的整体造型比例,准确处理服装结构的关系,以及各部位的规格尺寸。

## 四、具有较好的服装欣赏能力

制版是把设计师设计的三维立体款式造型分解成二维平面纸样的过程,这就要求打板师除了需对服装结构设计原理有深刻地认识之外,还应有较强的审美能力,这样才会更好地理解设计师的设计意图,合理把握服装的整理造型、结构、比例以及细节结构的处理,使样板更为完美。

## 五、熟悉原材料的性能

面辅料的性能、质地、缩水率等对样板的制作有直接影响,在制版前了解将投产的面辅料的性能,将有利于制版的进行和保证样板的质量。

## 六、具备较好的缝制工艺基础

不同的服装品种的缝制工艺是各不相同的,不同的缝型要求不同的缝份。若打板师对生产工艺(尤其是缝制工艺)较为熟悉且有技巧,在样板制作时会考虑得更为全面,会结合生产工艺对样板进行处理,以便于生产的进行,减少缝制的难度和返工率,缩短加工时间,从而降低生产成本。因此,作为一名称职的打板师,应该具备较好的缝制工艺基础。

思考题:

1.板师的职业素质要求是什么?

2.板房的工作流程是什么?

# 第二章
# 连衣裙板型概述

连衣裙是指上衣衣身与裙子连在一起的服装款式品种,以其构成形态而得名,是女装板型设计中的一个典型品种。

## 第一节　连衣裙分类

连衣裙的款式变化非常丰富,种类繁多。其分类方法也有多种。可以按廓型、合体度、衣身结构、袖子、分割线等进行分类。明确连衣裙的种类,有助于合理高效的进行连衣裙的板型设计及其变化应用。

### 一、按廓型分类

连衣裙的廓型分为三类:箱形(H型)、沙漏形(X型)、梯形(A型)(图2-1)。

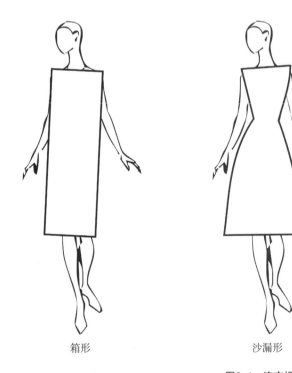

箱形　　　　　　　　　　沙漏形　　　　　　　　　　梯形

图2-1　连衣裙廓型

### 1. 箱形(H型)

箱型的连衣裙比较宽松、不强调人体曲线、下摆同臀宽或稍收进,呈直线外轮廓型。也称直筒形轮廓,因为外形简单,可在腰部系扎腰带,形成一种宽松、随意、潇洒的风格,常见于有军装风格的连衣裙。没有特定适用的面料,但应避免采用薄型且透明的面料。

### 2. 沙漏形(X型)

沙漏型的连衣裙指利用省道和结构线的设计,使连衣裙达到上身贴体束腰,腰线以下呈喇叭状的效果,这是连衣裙最基本的款型,能体现女性柔美的气质。改变面料与下摆的宽松度,既可以显示出轻便和休闲的风格,也可以展示成熟的女性魅力。宜选用悬垂度较好的面料。

### 3. 梯形(A型)

指连衣裙肩宽较窄,从胸部到底摆自然加入放松量,增大底摆,整体呈梯形,是一款可以包裹住人体且掩盖住人体曲线的经典廓型。伴随裙长的变化可以产生不同的效果,短款更加活泼俏丽,长款更加优雅舒适。

## 二、按合体度分类

连衣裙按合体度可以分为紧身型、合身型、半宽松型、宽松型。

紧身型连衣裙多用于晚装礼服的设计,宜选用弹性较好的面料。合身型、半宽松型和宽松型多用于夏季和春秋季连衣裙的设计。

## 三、按衣身结构分类

连衣裙按衣身结构可以分为无腰线型和有腰线型两大类。其中有腰线型连衣裙又可以根据腰线剪接位置的不同细分为标准腰线型、高腰线型、低腰线型三种基本结构形式(图2-2)。

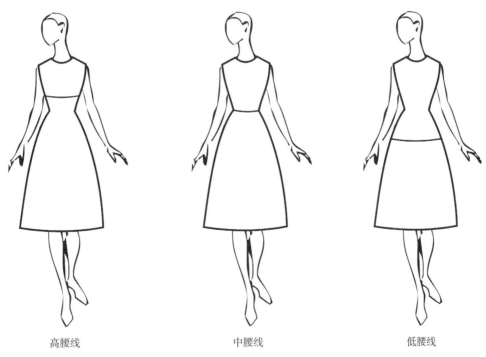

|高腰线|中腰线|低腰线|

图2-2　有腰线连衣裙

标准腰线型指腰线的剪接位置在人体腰部最细处,即人体标准的腰围线上,是连衣裙最基本的分割方式,配合裙长和外轮廓的改变可以产生不同的效果;高腰线型指腰线的剪接位置在正常腰围线与胸围线之间进行的设计,分割线以上是设计的重点,大多配合收腰和宽摆的设计;低腰线型指腰线的剪接位置在腰围线与臀围线之间进行的设计。腰线的位置需要根据衣长的比例而定,注意服装的整体平衡,相对于高腰线和低腰线而言,标准腰线型也称为中腰线。

## 四、按袖子长度分类

连衣裙按袖子长度可以分为长袖连衣裙、九分袖连衣裙、七分袖连衣裙、短袖连衣裙和无袖连衣裙等。

## 五、按造型分割线分类

连衣裙按造型分割线可以分为水平分割线型、垂直分割线型和斜向分割线型三大类。每一类还可细分为若干种不同的形式,变化十分丰富。

如图2-3所示,垂直分割线型主要有中心线分割、公主线分割、刀背线分割。中心线分割只在前后中心线与侧缝处有接缝,故收腰效果不明显,整体外轮廓接近于直筒,胸部浮余量分别转移至侧缝、袖窿、肩等处。公主线分割是从肩至底摆且通过胸高点的纵向分割线,胸省已经转移至分割线处,突出表现合体的胸部、收窄的腰部和底摆的自然放宽,是比较优雅的外轮廓型,适用于大多数体型,改变腰部松量与下摆放量可改变外轮廓形态。刀背线分割一般从袖窿开始,经过胸高点附近、腰线至底摆,产生的轮廓造型与公主线分割相同。公主线分割用于条纹或格面料时,在胸部容易变形,故

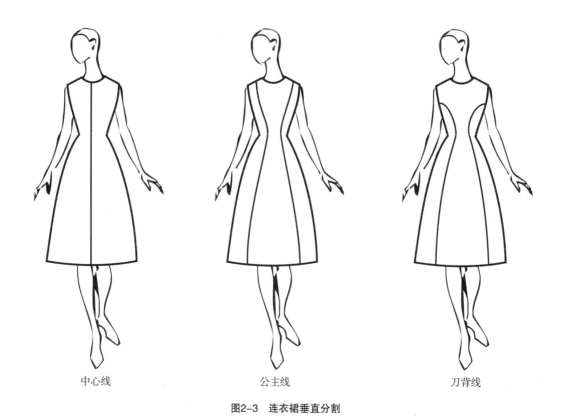

中心线　　　　　　　　　　公主线　　　　　　　　　　刀背线

图2-3　连衣裙垂直分割

选择刀背线分割比较好。

水平分割线型除了包含有腰线型基本款(基本腰线、高腰线、低腰线)的分割外,还有育克分割和裙摆分割(图 2-4 )。育克一般在胸围线以上肩线附近进行分割,育克以下的部分往往会采用垂直分割线;裙摆分割一般从裙摆处按一定比例向上量取一定尺寸作平行于裙摆的水平分割。育克分割和裙摆分割一般都结合褶皱的变化。

斜向分割赋予连衣裙更多的变化,多为不对称的方式,且多数结合省缝的转移和加褶的变化,并应注意整体的视觉效果。

值得注意的是,连衣裙的分类方法远不止这些,还有很多,且互有交叉和组合,便产生了变化无穷的新款式,在进行连衣裙板型设计时要灵活掌握。

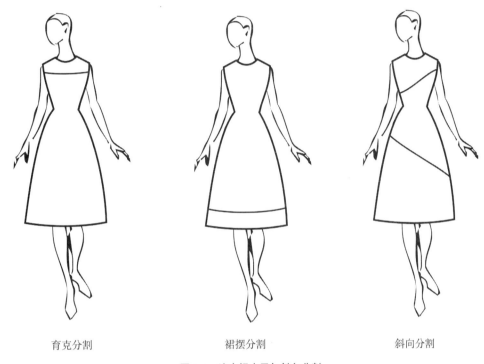

育克分割　　　　　　　　裙摆分割　　　　　　　　斜向分割

图2-4　连衣裙水平与斜向分割

# 第二节　连衣裙成衣规格

## 一、连衣裙的部位名称及测量方法

连衣裙的各部位对应着相应的人体部位,其名称主要是依据它所对应的人体部位而命名的,主要包括衣身、袖子、领子和裙子四大部分。衣身是覆盖于人体腰线以上躯干部位的主要部件,袖子是覆盖于人体上肢部位的主要部件,领子是包裹人体颈部的主要部件,裙子是覆盖于人体腰线以下躯干部位和下肢部位的主要部件。

### 1. 连衣裙成衣测量方法

连衣裙成衣测量是指通过对成品服装中的主要部位直接测量,并进行适当调整而获得服装成品规格的方法。连衣裙成衣测量主要有两个目的。其一,以测量结果为依据,设计成衣规格;其二,作为成衣质量检验的依据。采用成衣测量设计成品规格的方法主要适用于来样加工。

（1）测量方法

将连衣裙平铺于工作台面上,用软尺在连衣裙相应部位测量即可,围度尺寸＝实际平测尺寸 × 2;对于立体感较强,款式较复杂的服装,可以穿在人台上测量裙长、腰节长、肩宽、袖长,其他部位放平测量。

（2）测量部位

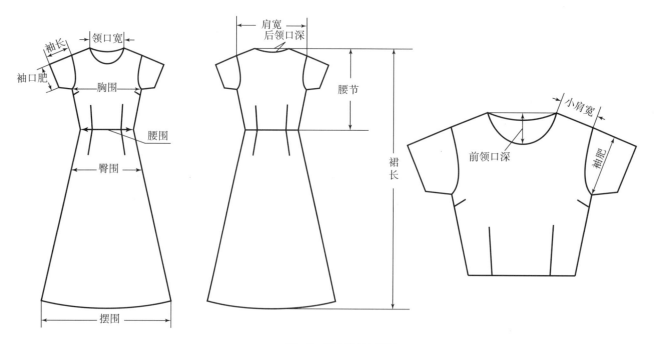

图2-5   连衣裙成衣测量

如图 2-5 所示,连衣裙各部位测量方法如下:

胸围:前衣身向上平铺连衣裙,在袖窿深线底部由一端量至另一端。

腰围:前衣身向上平铺连衣裙,沿着腰线由一端量至另一端。

臀围:前衣身向上平铺连衣裙,由腰围线向下一定距离(一般是腰线下 17 ～ 19cm)所量的横向距离。此横向距离应平行于腰围。

摆围:前衣身向上平铺连衣裙,在展平的底摆最宽处由一端量至另一端。

肩宽:后衣身向上平铺连衣裙,水平量取左右肩缝外端之间的距离。

小肩宽:后衣身向上平铺连衣裙,肩缝处绱领点与绱袖点之间的距离。

裙长:后衣身向上平铺连衣裙,肩缝处绱领点至底摆的垂直距离。

腰节长:后衣身向上平铺连衣裙,肩缝处绱领点至腰围线的垂直距离。

袖长:平铺连衣裙,由袖山头顶点量至袖口边缘处。

袖口肥:平铺连衣裙,在袖口处由袖中线量至袖底缝处。

领口宽:前衣身向上平铺连衣裙,在领口最上部由一端量至另一端。

前领口深:前衣身向上平铺连衣裙,由左右领口宽点连线至前领口弧线最低点的垂直距离。

后领口深:后衣身向上平铺连衣裙,由左右领口宽点连线至后领口弧线最低点的垂直距离。

所有服装测量的基本方法是一致的,但是对不同的客户来说,其测量方法会稍有差异。因此在测量成衣尺寸时,一定要注意客户提供的尺寸规格表后是否附有测量方法的注释,测量时要注意各部位的测量起止点,并采用客户所提供规格表中的测量单位。

不同款式的服装其测量的部位会略有增减。如无袖的服装,无需测量袖子的相关尺寸,但需增加测量袖窿的尺寸,有两种方法:一是可以测量袖窿弧线的长度,二是测量肩宽点到胸围测量定点的直线距离(此尺寸称为挂肩尺寸),两者的数据差别很大,一定要按照客户的要求。有过肩等拼缝结构的款式,需增加测量拼缝线距主要结构线的距离;有口袋的款式,需增加测量口袋的定位尺寸及袋口宽、口袋深、袋盖宽、开线宽、明线宽度等口袋的细部尺寸(图2-6)。

如果服装的款式带有褶裥,是否需要将褶裥打开或合拢,一般的在客户尺寸表上会注明褶打开( open pleats )或者褶合拢( closed pleats )。也可以分别测量出褶裥打开和合拢两种状态的尺寸及褶裥的宽度,并以尺寸表要求的尺寸为主,其余为辅助参考尺寸。总之,成衣测量的准确度直接关系到规格表的制定、确认样品的试制,以及后续的推板工作的顺利进行,一定要认真对待,不可忽视。

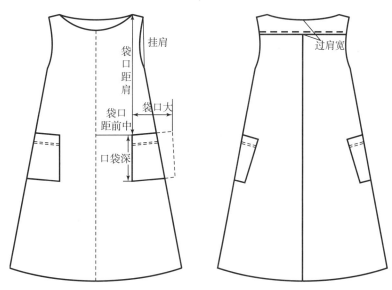

图2-6　无袖服装的测量

## 2. 成衣测量部位的中英文对照(表2-1)

表2-1　主要部位代号及中英文对照表

| 序号 | 中文 | 英　文 | 代号 | 序号 | 中文 | 英　文 | 代号 |
|---|---|---|---|---|---|---|---|
| 1 | 胸围 | Bust | B | 10 | 肘线 | Elbow Line | EL |
| 2 | 腰围 | Waist | W | 11 | 胸点 | Bust Point | BP |
| 3 | 臀围 | Hip | H | 12 | 侧颈点 | Side Neck Point | SNP |
| 4 | 领围 | Neck | N | 13 | 前颈点 | Front Neck Point | FNP |

（续表）

| 序号 | 中文 | 英文 | 代号 | 序号 | 中文 | 英文 | 代号 |
|---|---|---|---|---|---|---|---|
| 5 | 胸围线 | Bust Line | BL | 14 | 后颈点 | Back Neck Point | BNP |
| 6 | 腰围线 | Waist Line | WL | 15 | 肩端点 | Shoulder Point | SP |
| 7 | 臀围线 | Hip Line | HL | 16 | 袖窿弧长 | Arm Hole | AH |
| 8 | 领围线 | Neck Line | NL | 17 | 长度 | Length | L |
| 9 | 头围 | Head Size | HS | 18 | 袖口 | Cuff | C |

### 3. 连衣裙结构线和轮廓线名称

连衣裙各部位结构线和轮廓线的名称与人体各部位也是对应的关系。

（1）衣身结构线和轮廓线（图2-7）

在衣身结构中与人体上部中心线相对应的有前中线、后中线；与人体侧边相对应的是前侧缝线、后侧缝线；与胸部相对应的是胸宽线、胸围线；与背部相对应的是背宽线；与腰部相对应的是腰围线；与肩部相对应的是前肩线、后肩线；与颈部相对应的是前领口弧线、后领口弧线；与臂围相对应的是前袖窿弧线、后袖窿弧线等。对应点有前颈点、后颈点、前侧颈点、后侧颈点、前肩点、后肩点和胸乳点（BP点）。

（2）袖子结构线和轮廓线（图2-8）

在衣袖结构中与人体手臂中心线相对应的是袖中线；与人体手臂内侧相对应的是前袖缝线、后袖缝线；与手臂上端外形相对应的是袖山弧线和袖山高线；与手臂围度相对应的是袖肥线；与手臂肘部相对应的是肘线；与手腕相对应的是袖口弧线。对应点有袖山顶点。

（3）裙子结构线和轮廓线（图2-9）

在裙子结构中与人体下部中心线相对应的是前中线、后中线；与人体侧边相对应的是前侧缝线、后侧缝线；与腰部相对应的是腰围线；与臀部相对应的是臀围线；与裙子长度和摆宽造型相对应的是裙摆线。

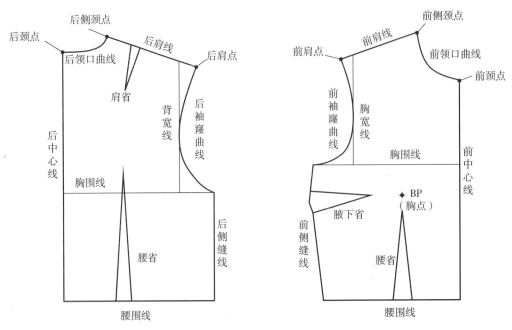

图2-7　连衣裙衣身结构线和轮廓线名称

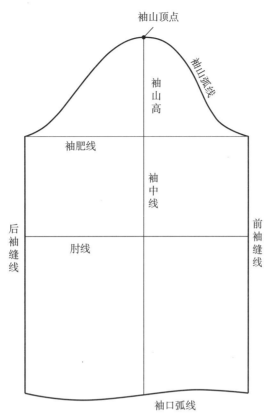

**图2-8 袖子结构线和轮廓线名称**

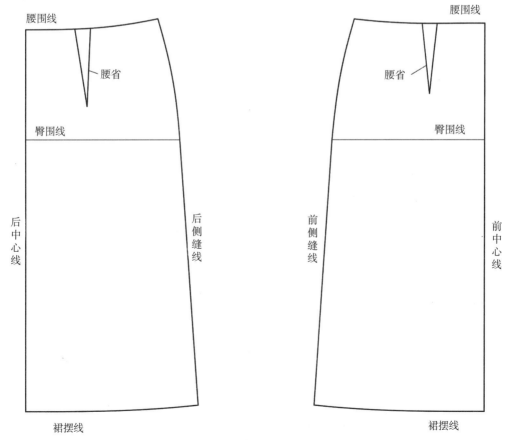

**图2-9 裙子结构线和轮廓线名称**

（4）领子结构线和轮廓线（图2-10）

在领子结构中与人体颈部后中心线相对应的是后领中线，与人体颈根围相对应的是领底口弧线，与领子外形相关的是领外口弧线和前领中线（也叫领尖线）。

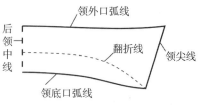

图2-10　领子结构线和轮廓线名称

## 二、人体测量与号型规格

成衣板型设计的尺寸依据通常来源于成衣测量、人体测量和国家的服装号型标准。仿制市场上畅销的成衣或按照客户来样订单生产的成衣板型设计，常采用成衣测量方法；为个人定制合体度要求较高的服装或满足特殊造型需要的时装板型设计，常采用个体测量方法；为内销成衣市场批量化生产的成衣板型设计，常参照国家颁布的《服装号型》标准，选择适合的号型系列。

### （一）人体测量

测量是采集人体各部位尺寸的必要手段，为成衣设计、生产环节提供重要的理论依据。我们说测量人体各部位规格的真正意义并不在于获得一组数据，关键在于通过测量了解人体结构与服装板型结构相关部位的条件关系，树立以人体结构为根本的服装结构设计理念。连衣裙的人体测量采寸是指先对设计对象的有关部位进行净体测量，然后根据不同的设计要求加放松量，完成连衣裙成衣的规格设计。通过人体测量，可以准确采集体型和胖瘦相异的每个人的人体测量数据，这种采集人体尺寸的方法，更适用于对服装造型与合体度要求高的单件服装量身定做加工。

#### 1.测量注意事项

（1）净体测量：净体规格即号型规格，是设计服装成衣规格的基础条件。在操作时要求被测量者穿紧身衣自然站立等待测量，以保证测量结果的准确性。为板型设计环节能够正确分析定量（净体规格）与变量（放松量）间的条件关系，准确把握廓型结构形式提供理论依据。

（2）定点测量：在测量时对被测量者的体征特点及着装习惯要有准确的了解，以便于结合廓型创意准确把握人体结构与服装结构相关部位的条件关系，于此求得人体各部位规格与成衣各部位规格的吻合度。

（3）公制测量：按照国际标准，在测量过程中使用的公制长度"cm"为单位计量。

#### 2.测量部位

关于连衣裙的人体测量部位主要包括16个部位。其中长度方向有：裙长、前腰节、后腰节、腰长、袖长；围度方向有：胸围、腰围、臀围、头围、颈根围、臂根围、臂围、腕围、肩宽、背宽、胸宽。

#### 3.测量方法

被测者取站立姿态，正常呼吸和放松的状态下进行，如图2-11所示。

胸围：在胸部最丰满处水平围量一周。

腰围：在腰部最细处水平围量一周。

臀围：在臀部最丰满处水平围量一周。

头围：以前额丘和后枕骨为测点，用软尺围量一周。

颈根围：在颈根部，经前颈点、侧颈点、后颈点（第七颈椎点）围量一周。

臂根围：过肩点、前后腋点围量一周。

臂围：在上臂最丰满处水平围量一周。

腕围：在腕部以尺骨头为测点水平围量一周。

肩宽：从人体背部水平量取左右肩端点之间的距离。

背宽：测量后腋点之间的距离。后腋点指人体自然站立时，后背与上臂会合所形成夹缝的止点。

胸宽：测量前腋点之间的距离。前腋点指人体自然站立时，胸与上臂会合所形成夹缝的止点。

裙长：从侧颈点过胸点垂直量制所需长度。

前腰节：从侧颈点过胸点量至腰节线处。

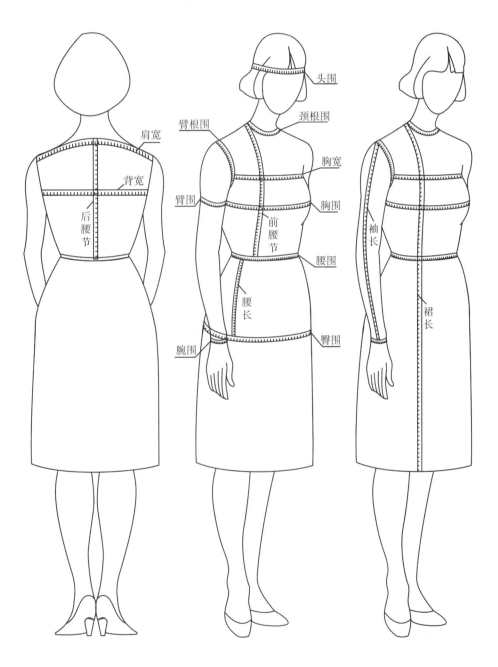

图2-11 人体测量

后腰节：从第七颈椎点量至腰节线处。

腰长：从腰围线量至臀围线处。

袖长：从肩端点顺手臂量至所需要的长度。

以上测量部位中，与连衣裙成衣关系密切的是胸围、腰围、臀围、裙长、腰长、肩宽、袖长、颈根围和前后腰节。其他部位可以作为连衣裙板型的内限参考数值。譬如连衣裙袖窿尺寸不能小于臂根围，长袖袖口尺寸不能小于腕围，短袖袖口尺寸不能小于臂围等。

## （二）号型系列

服装号型标准既是成衣大生产模式下成衣规格设计的技术依据，也是消费者选购服装产品的标识，同时还是服装质量检验的重要理论依据。服装企业制定产品生产计划书，通常采用单一体型系列号型的配比方式也就是行业内常说的一号多型配置，以同一款式、同一体型类别为标准生产系列号型产品，这样有助于提高服装产品销售的可操作性。同理，设计师进行工业样板设计，从同一体型类别的系列号型中确定小号或中间号作为初始样板号型，设计该号型的板型结构图，经过试样、调整后确认为母板，然后根据号型均差值再制作（缩放）其他号型样板，即可得到全部号型规格的工业系列样板。显然，识别人体体型类别建立系统的号型序列便成为设计成衣规格首先要解决的问题。

### 1. 号型定义

号：指人体的身高，以 cm 为单位表示，是设计和选购服装长度的依据。

型：指人体的净胸围或净腰围，以 cm 为单位表示，是设计和选购服装围度的依据。

### 2. 体型分类

我国以人体的胸围与腰围的差数为依据来划分体型，并将体型分为四类。体型分类代号分别为Y、A、B、C（表2-2）。

表2-2　体型分类　　　　　　　　　　　　　　　　　　单位：cm

| 体型分类代号 | Y | A | B | C |
|---|---|---|---|---|
| 女子胸腰差数 | 24~19 | 18~14 | 13~9 | 8~4 |
| 男子胸腰差数 | 22~17 | 16~12 | 11~7 | 6~2 |

体型代号表示体型特征。Y体型为胸围与腰围差距很大的较瘦体型或运动员体型，该体型宽肩细腰，呈扇面形状，属扁圆形体态；A体型为胖瘦适中的标准体型；B体型为胸围丰满、腰围微粗的丰满体型；C体型为胸围丰满、腰围较粗的较胖体型，属圆柱形体态。从Y型到C型人体胸腰差依次减小。从表2-3全国成年女子各体型在总量中的比例可以看出，大多数人属于A体型和B体型，其次是Y体型，C体型最少。因此在服装企业里，批量生产的服装以A体型和B体型为主。Y、A、B、C四种体型都为正常人体型，大约有1%的女子体型不属于这四种正常体。

表2-3　我国成年女子各体型在总量中的比例　　　　　　单位：%

| 体　型 | Y | A | B | C | 不属于所列4种体 |
|---|---|---|---|---|---|
| 占总量比例 | 14.82 | 44.13 | 33.72 | 6.45 | 0.88 |

### 3. 号型标识

内销的服装商品必须标明号型，以便于消费者有针对性地进行购买。其中，套装中的上下装必须分别标明号型。

服装号型的表示方法为：号／型 体型分类代号。例如：

上装：160/84A，下装：160/68A

### 4. 号型系列

把人体的号和型进行有规则的分档排列即为号型系列。在国家标准中规定身高以5cm分档，胸围以4cm分档，腰围以4cm或2cm分档。分档的数值称为档差。档差为5cm的身高与档差为4cm的胸围搭配组成5·4号型系列，档差为5cm的身高与档差为4cm的腰围搭配组成5·4号型系列，档差为5cm的身高与档差为2cm的腰围搭配组成5·2号型系列。即上装采用5·4系列，下装采用5·4系列和5·2系列。

国家服装号型标准在设置号型时，各体型的覆盖率即人口比例大于等于0.3%时，就设置号型。同时还增设了一些比例虽小但具有一定实际意义的号型，使得调整后的服装号型覆盖面，男子达到96.15%，女子达到94.72%，总群体覆盖面为95.46%。表2-4是国家服装号型标准对身高、胸围和腰围规定的分档范围，表2-5~表2-8是女装号型系列。

表2-4　服装号型分档范围和档差　　　　　　　　　　　　　单位：cm

| 部　分 | 身　高 | 胸　围 | 腰　围 |
|---|---|---|---|
| 女　子 | 145~180 | 68~112 | 50~106 |
| 男　子 | 155~190 | 72~116 | 56~112 |
| 档　差 | 5 | 4 | 4或2 |

表2-5　女子Y体型5·4、5·2号型系列　　　　　　　　　单位：cm

| Y | | | | | | | | | | | | | | | | |
|---|---|---|---|---|---|---|---|---|---|---|---|---|---|---|---|---|
| 身高<br>腰围<br>胸围 | 145 | | 150 | | 155 | | 160 | | 165 | | 170 | | 175 | | 180 | |
| 72 | 50 | 52 | 50 | 52 | 50 | 52 | 50 | 52 | | | | | | | | |
| 76 | 54 | 56 | 54 | 56 | 54 | 56 | 54 | 56 | 54 | 56 | | | | | | |
| 80 | 58 | 60 | 58 | 60 | 58 | 60 | 58 | 60 | 58 | 60 | 58 | 60 | | | | |
| 84 | 62 | 64 | 62 | 64 | 62 | 64 | 62 | 64 | 62 | 64 | 62 | 64 | 62 | 64 | | |
| 88 | 66 | 68 | 66 | 68 | 66 | 68 | 66 | 68 | 66 | 68 | 66 | 68 | 66 | 68 | | |
| 92 | | | 70 | 72 | 70 | 72 | 70 | 72 | 70 | 72 | 70 | 72 | 70 | 72 | | |
| 96 | | | | | 74 | 76 | 74 | 76 | 74 | 76 | 74 | 76 | 74 | 76 | | |
| 100 | | | | | | | 78 | 80 | 78 | 80 | 78 | 80 | 78 | 80 | 78 | 80 |

表2-6　女子A体型5·4、5·2号型系列　　　　　　　　　　　　　单位：cm

| A | | | | | | | | | | | | | | | | | | | | | | | | |
| 胸围＼身高＼腰围 | 145 | | | 150 | | | 155 | | | 160 | | | 165 | | | 170 | | | 175 | | | 180 | | |
|---|---|---|---|---|---|---|---|---|---|---|---|---|---|---|---|---|---|---|---|---|---|---|---|---|
| 72 | | | | 54 | 56 | 58 | 54 | 56 | 58 | 54 | 56 | 58 | | | | | | | | | | | | |
| 76 | 58 | 60 | 62 | 58 | 60 | 62 | 58 | 60 | 62 | 58 | 60 | 62 | 58 | 60 | 62 | | | | | | | | | |
| 80 | 62 | 64 | 66 | 62 | 64 | 66 | 62 | 64 | 66 | 62 | 64 | 66 | 62 | 64 | 66 | 62 | 64 | 66 | | | | | | |
| 84 | 66 | 68 | 70 | 66 | 68 | 70 | 66 | 68 | 70 | 66 | 68 | 70 | 66 | 68 | 70 | 66 | 68 | 70 | 66 | 68 | 70 | | | |
| 88 | 70 | 72 | 74 | 70 | 72 | 74 | 70 | 72 | 74 | 70 | 72 | 74 | 70 | 72 | 74 | 70 | 72 | 74 | 70 | 72 | 74 | 70 | 72 | 74 |
| 92 | | | | 74 | 76 | 78 | 74 | 76 | 78 | 74 | 76 | 78 | 74 | 76 | 78 | 74 | 76 | 78 | 74 | 76 | 78 | 74 | 76 | 78 |
| 96 | | | | | | | 78 | 80 | 82 | 78 | 80 | 82 | 78 | 80 | 82 | 78 | 80 | 82 | 78 | 80 | 82 | 78 | 80 | 82 |
| 100 | | | | | | | | | | 82 | 84 | 86 | 82 | 84 | 86 | 82 | 84 | 86 | 82 | 84 | 86 | 82 | 84 | 86 |

表2-7　女子B体型5·4、5·2号型系列　　　　　　　　　　　　　单位：cm

| B | | | | | | | | | | | | | | | | |
| 胸围＼身高＼腰围 | 145 | | 150 | | 155 | | 160 | | 165 | | 170 | | 175 | | 180 | |
|---|---|---|---|---|---|---|---|---|---|---|---|---|---|---|---|---|
| 68 | | | 56 | 58 | 56 | 58 | 56 | 58 | | | | | | | | |
| 72 | 60 | 62 | 60 | 62 | 60 | 62 | 60 | 62 | 60 | 62 | | | | | | |
| 76 | 64 | 66 | 64 | 66 | 64 | 66 | 64 | 66 | 64 | 66 | | | | | | |
| 80 | 68 | 70 | 68 | 70 | 68 | 70 | 68 | 70 | 68 | 70 | 68 | 70 | | | | |
| 84 | 72 | 74 | 72 | 74 | 72 | 74 | 72 | 74 | 72 | 74 | 72 | 74 | 72 | 74 | | |
| 88 | 76 | 78 | 76 | 78 | 76 | 78 | 76 | 78 | 76 | 78 | 76 | 78 | 76 | 78 | 76 | 78 |
| 92 | 80 | 82 | 80 | 82 | 80 | 82 | 80 | 82 | 80 | 82 | 80 | 82 | 80 | 82 | 80 | 82 |
| 96 | | | 84 | 86 | 84 | 86 | 84 | 86 | 84 | 86 | 84 | 86 | 84 | 86 | 84 | 86 |
| 100 | | | | | 88 | 90 | 88 | 90 | 88 | 90 | 88 | 90 | 88 | 90 | 88 | 90 |
| 104 | | | | | | | 92 | 94 | 92 | 94 | 92 | 94 | 92 | 94 | 92 | 94 |
| 108 | | | | | | | | | 96 | 98 | 96 | 98 | 96 | 98 | 96 | 98 |

表2-8　女子C体型5·4、5·2号型系列　　　　　　　　　　　　　　　　单位：cm

| 身高 / 腰围 / 胸围 | 145 | | 150 | | 155 | | 160 | | 165 | | 170 | | 175 | | 180 | |
|---|---|---|---|---|---|---|---|---|---|---|---|---|---|---|---|---|
| 68 | 60 | 62 | 60 | 62 | 60 | 62 | | | | | | | | | | |
| 72 | 64 | 66 | 64 | 66 | 64 | 66 | 64 | 66 | | | | | | | | |
| 76 | 68 | 70 | 68 | 70 | 68 | 70 | 68 | 70 | | | | | | | | |
| 80 | 72 | 74 | 72 | 74 | 72 | 74 | 72 | 74 | 72 | | | | | | | |
| 84 | 76 | 78 | 76 | 78 | 76 | 78 | 76 | 78 | 76 | 78 | 76 | 78 | | | | |
| 88 | 80 | 82 | 80 | 82 | 80 | 82 | 80 | 82 | 80 | 82 | 80 | 82 | | | | |
| 92 | | | 84 | 86 | 84 | 86 | 84 | 86 | 84 | 86 | 84 | 86 | 84 | 86 | | |
| 96 | | | 88 | 90 | 88 | 90 | 88 | 90 | 88 | 90 | 88 | 90 | 88 | 90 | 88 | 90 |
| 100 | | | 92 | 94 | 92 | 94 | 92 | 94 | 92 | 94 | 92 | 94 | 92 | 94 | 92 | 94 |
| 104 | | | | | 96 | 98 | 96 | 98 | 96 | 98 | 96 | 98 | 96 | 98 | 96 | 98 |
| 108 | | | | | | | 100 | 102 | 100 | 102 | 100 | 102 | 100 | 102 | 100 | 102 |
| 112 | | | | | | | | | 104 | 106 | 104 | 106 | 104 | 106 | 104 | 106 |

身高分档中每个号的适用范围为：号 –2cm ～ 号 +2cm；胸围分档中每个胸围的适用范围为：胸围 –2cm ～ 胸围 +1cm；腰围分档中每个腰围的适用范围为：腰围 –2cm ～ 腰围 +1cm 或腰围 –1cm ～ 腰围。譬如，上装号型标志 160/84 A 的含义是：该服装适合于身高为 158 ～ 162 cm，胸围为 82 ～ 85cm，A 体型的人穿着。下装号型标志 160/68 A 的含义是：该服装适合身高为 158 ～ 162 cm，腰围为 66 ～ 69cm（采用 5·4 系列）或 67 ～ 68cm（采用 5·2 系列），A 体型的人穿着。

对服装企业来说，在选择和应用号型系列时应注意以下几点：

（1）必须从标准规定的各系列中选用适合产品销售地区的号型系列。

（2）无论选用哪个系列，应根据每个号型在所销售地区的人口比例和市场需求情况，相应地安排生产数量。各体型人体的比例、分体型、分地区的号型覆盖率可参考标准，同时应该注意要生产一定比例的特大和特小的号型，以满足各部分人的穿着需求。

（3）标准中规定的号型不够用时，虽然这部分人占的比例不大，但也可扩大号型设置范围，以满足他们的要求。扩大号型范围时，应按各系列所规定的分档数和系列数进行。

### 5. 中间体

根据大量的实测人体数据，通过计算求出平均值，即为中间体。它反映了我国男女成人各类体型的身高、胸围、腰围等部位的平均水平，具有一定的代表性。设计服装规格时，必须以中间体为中心,按一定的分档数值,向上下、左右推档组成规格系列。但中心号型是指在人体测量的总数中占有最大比例的体型,国家设置中间标准体号型是就全国范围而言,由于各个地区情况会有差别,因此,对中间号型的设置应视各地区的具体情况及产品销售方向而定,但号型规定的系列不变。中间体的设置见表2-9。

表2-9　男女体型的中间体设置　　　　　　　　　　　　　　　　　　单位:cm

| | 部　分 | Y | A | B | C |
|---|---|---|---|---|---|
| 女子 | 身　高 | 160 | 160 | 160 | 160 |
| | 胸　围 | 84 | 84 | 88 | 88 |
| 男子 | 身　高 | 170 | 170 | 170 | 170 |
| | 胸　围 | 88 | 88 | 92 | 96 |

### 6.人体控制部位

人体控制部位数值是设计成衣规格的依据。在成衣规格的设计中,主要决定部位是身高、胸围和腰围,但仅仅有这三个部位是远远不够的,于是国家标准中给出了人体十个主要部位的数值,这十个部位称为控制部位,长度方面有身高、颈椎点高、坐姿颈椎点高、全臂长、腰围高;围度方面有胸围、腰围、臀围、颈围、总肩宽,人体各控制部位的测量方法见表2-10,人体各控制部位测量如图2-12所示。与其他国家相比,我国服装号型标准提供了十个人体控制部位数值也是偏少的,在实际运用中也可参考日本工业标准JISL 4004《成人男子服装尺寸》、JISL 4005《成人女子服装尺寸》等国外先进标准。

我国女子不同体型各中间体控制部位的数值及分档数值见表2-11～表2-14。

表2-10　人体各控制部位测量方法　　　　　　　　　　　　　　　　单位:cm

| 序号 | 部　分 | 被测者姿势 | 测　量　方　法 |
|---|---|---|---|
| 1 | 身　高 | 赤足取立姿放松 | 用测高仪测量从头顶至地面的垂距 |
| 2 | 颈椎点高 | 赤足取立姿放松 | 用测高仪测量从颈椎点至地面的垂距 |
| 3 | 坐姿颈椎点高 | 取坐姿放松 | 用测高仪测量从颈椎点至凳面的垂距 |
| 4 | 全臂长 | 取立姿放松 | 用圆杆直角规测量从肩峰点至桡骨茎突点的直线距离 |
| 5 | 腰围高 | 赤足取立姿放松 | 用测高仪测量从腰围点至地面的垂距 |
| 6 | 胸　围 | 取立姿正常呼吸 | 用软尺测量经乳头点的水平围长 |
| 7 | 颈　围 | 取立姿正常呼吸 | 用软尺测量从喉结下2cm经第七颈椎点的围长 |
| 8 | 总肩宽(后背横弧) | 取立姿放松 | 用软尺测量左右肩峰点间的水平弧长 |
| 9 | 腰围(最小腰围) | 取立姿正常呼吸 | 用软尺测量在肋弓与髂嵴之间最细部的水平围长 |
| 10 | 臀　围 | 取立姿放松 | 用软尺测量臀部向后突出部位的水平围长 |

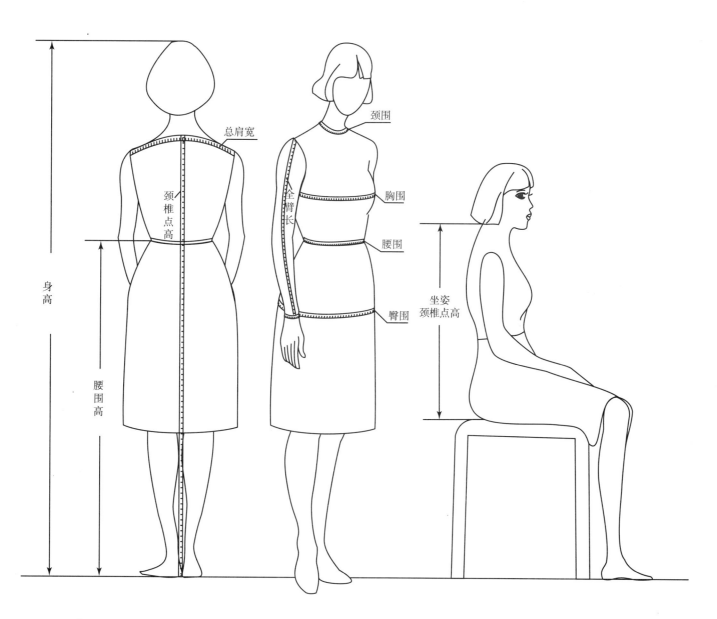

图2-12　人体各控制部位测量示意图

表2-11　女子Y体型控制部位数值及分档数值　　　　　　　　　　　　　　　　单位：cm

| 体　型 | Y | | | | | | | |
| 部　位 | 中间体 | | 5·4系列 | | 5·2系列 | | 身高、胸围、腰围每增减1 | |
| | 计算数 | 采用数 | 计算数 | 采用数 | 计算数 | 采用数 | 计算数 | 采用数 |
| 身　高 | 160 | 160 | 5 | 5 | 5 | 5 | 1 | 1 |
| 颈椎点高 | 136.2 | 136.0 | 4.46 | 4.00 | | | 0.89 | 0.80 |
| 坐姿颈椎点高 | 62.6 | 62.5 | 1.66 | 2.00 | | | 0.33 | 0.40 |
| 全臂长 | 50.4 | 50.5 | 1.66 | 1.50 | | | 0.33 | 0.30 |
| 腰围高 | 98.2 | 98.0 | 3.34 | 3.00 | 3.34 | 3.00 | 0.67 | 0.60 |
| 胸　围 | 84 | 84 | 4 | 4 | | | 1 | 1 |
| 颈　围 | 33.4 | 33.4 | 0.73 | 0.80 | | | 0.18 | 0.20 |
| 总肩宽 | 39.9 | 40.0 | 0.70 | 1.00 | | | 0.18 | 0.25 |
| 腰　围 | 63.6 | 64.0 | 4 | 4 | 2 | 2 | 1 | 1 |
| 臀　围 | 89.2 | 90.0 | 3.12 | 3.60 | 1.56 | 1.80 | 0.78 | 0.90 |

表2-14　女子A体型控制部位数值及分档数值　　　　　　　　　　　　　　　　单位：cm

| 体　型 | A | | | | | | | |
| 部　位 | 中间体 | | 5·4系列 | | 5·2系列 | | 身高、胸围、腰围每增减1 | |
| | 计算数 | 采用数 | 计算数 | 采用数 | 计算数 | 采用数 | 计算数 | 采用数 |
| 身　高 | 160 | 160 | 5 | 5 | 5 | 5 | 1 | 1 |
| 颈椎点高 | 136.0 | 136.0 | 4.53 | 4.00 | | | 0.91 | 0.80 |
| 坐姿颈椎点高 | 62.6 | 62.5 | 1.65 | 2.00 | | | 0.33 | 0.40 |
| 全臂长 | 50.4 | 50.5 | 1.70 | 1.50 | | | 0.34 | 0.30 |
| 腰围高 | 98.1 | 98.0 | 3.37 | 3.00 | 3.37 | 3.00 | 0.68 | 0.60 |
| 胸　围 | 84 | 84 | 4 | 4 | | | 1 | 1 |
| 颈　围 | 33.7 | 33.6 | 0.78 | 0.80 | | | 0.20 | 0.20 |
| 总肩宽 | 39.9 | 39.4 | 0.64 | 1.00 | | | 0.16 | 0.25 |
| 腰　围 | 68.2 | 68 | 4 | 4 | 2 | 2 | 1 | 1 |
| 臀　围 | 90.9 | 90.0 | 3.18 | 3.60 | 1.60 | 1.80 | 0.80 | 0.90 |

表2-13 女子B体型控制部位数值及分档数值 单位:cm

| 体 型 | B | | | | | | | |
|---|---|---|---|---|---|---|---|---|
| 部 位 | 中间体 | | 5·4系列 | | 5·2系列 | | 身高、胸围、腰围每增减1 | |
| | 计算数 | 采用数 | 计算数 | 采用数 | 计算数 | 采用数 | 计算数 | 采用数 |
| 身 高 | 160 | 160 | 5 | 5 | 5 | 5 | 1 | 1 |
| 颈椎点高 | 136.3 | 136.5 | 4.57 | 4.00 | | | 0.92 | 0.80 |
| 坐姿颈椎点高 | 63.2 | 63.0 | 1.81 | 2.00 | | | 0.36 | 0.40 |
| 全臂长 | 50.5 | 50.5 | 1.68 | 1.50 | | | 0.34 | 0.30 |
| 腰围高 | 98.0 | 98.0 | 3.34 | 3.00 | 3.30 | 3.00 | 0.67 | 0.60 |
| 胸 围 | 88 | 88 | 4 | 4 | | | 1 | 1 |
| 颈 围 | 34.7 | 34.6 | 0.81 | 0.80 | | | 0.20 | 0.20 |
| 总肩宽 | 40.3 | 39.8 | 0.69 | 1.00 | | | 0.17 | 0.25 |
| 腰 围 | 76.6 | 78.0 | 4 | 4 | 2 | 2 | 1 | 1 |
| 臀 围 | 94.8 | 96.0 | 3.27 | 3.20 | 1.64 | 1.60 | 0.82 | 0.80 |

表2-14 女子C体型控制部位数值及分档数值 单位:cm

| 体 型 | C | | | | | | | |
|---|---|---|---|---|---|---|---|---|
| 部 位 | 中间体 | | 5·4系列 | | 5·2系列 | | 身高、胸围、腰围每增减1 | |
| | 计算数 | 采用数 | 计算数 | 采用数 | 计算数 | 采用数 | 计算数 | 采用数 |
| 身 高 | 160 | 160 | 5 | 5 | 5 | 5 | 1 | 1 |
| 颈椎点高 | 136.5 | 136.5 | 4.48 | 4.00 | | | 0.90 | 0.80 |
| 坐姿颈椎点高 | 62.7 | 62.5 | 1.80 | 2.00 | | | 0.35 | 0.40 |
| 全臂长 | 50.5 | 50.5 | 1.60 | 1.50 | | | 0.32 | 0.30 |
| 腰围高 | 98.2 | 98.0 | 3.27 | 3.00 | 3.27 | 3.00 | 0.65 | 0.60 |
| 胸 围 | 88 | 88 | 4 | 4 | | | 1 | 1 |
| 颈 围 | 34.9 | 34.8 | 0.75 | 0.80 | | | 0.19 | 0.20 |
| 总肩宽 | 40.5 | 39.2 | 0.69 | 1.00 | | | 0.17 | 0.25 |
| 腰 围 | 81.9 | 82 | 4 | 4 | 2 | 2 | 1 | 1 |
| 臀 围 | 96.0 | 96.0 | 3.33 | 3.20 | 1.66 | 1.60 | 0.83 | 0.80 |

## 三、放松量设计

服装穿在人体上不仅要舒适、美观,并且应便于人的活动,成衣规格必须在人体测量尺寸基础上追加一定的松量,才能满足服装的穿用功能。松量是服装与人体之间的空隙,包括生理松量和设计松量,分别满足服装的功能性和造型性的要求。生理松量是以满足人体正常呼吸、坐、走等基本生理活动为基础的松量;设计松量是以服装的造型因素为基础的,主要是由服装的廓型和合体程度共同决定的,同时还受到面料性能、体型等因素的影响。其中长度部位的松量设计与款式的关联度较高,具有很大的不确定性,例如,腰部抽松紧带的款式,前后腰节都要加放一定的松量;围度部位的松量与合体程度关联度较高,具有一定的规律性。

### (一)服装围度的生理松量

服装围度的生理松量是指服装围度的最小放松量。在被测量者自然站立、正常呼吸的情况下,量得的尺寸是人体净尺寸。如果被测者做深呼吸,胸部扩张约 2 ～ 4cm。因此,衣身胸围的最小放松量是 2 ～ 4cm。人在进餐前后,人体的腰围尺寸将约有 1.5cm 的变化量。当人坐、蹲时,皮肤随动作发生横向变形使围度尺寸增加,表 2-15 是各种运动引起的腰围、臀围变化量。当人坐在椅子上时,腰围平均增加 1.5cm;席地而坐前屈 90° 时,腰围增加约 2.9cm。从生理学角度讲,人腰围在受到缩短 2cm 左右的压力时,均可进行正常活动而对身体没影响。因此,腰部的最小放松量为 1 ～ 3cm。当人坐在椅子上时,臀围平均增加 2.6cm;当蹲或盘腿坐时,臀围平均增加 4cm,所以臀围的最小放松量为 4cm。

若是弹力面料,视弹力大小,衣身的围度可以不加放松量;若面料弹性过大,还可做成衣服围度尺寸小于人体净尺寸的紧身类服装。

另外,裙子的摆围大小直接影响穿着者的各种动作及活动(具体设计详见第四章中有关裙摆的设计内容)。

表2-15　各种运动引起的腰围、臀围变化量

单位:cm

| 姿　势 | 动　作 | 平均增加量(cm) | |
| --- | --- | --- | --- |
| | | 臀围 | 腰围 |
| 直立正常姿势 | 45° 前屈<br>90° 前屈 | 0.6<br>1.3 | 1.1<br>1.8 |
| 坐在椅子上 | 正坐<br>90° 前屈 | 2.6<br>3.5 | 1.5<br>2.7 |
| 席地而坐 | 正坐<br>90° 前屈 | 2.9<br>4.0 | 1.6<br>2.9 |

### (二)服装围度的设计松量

服装放松量的设计,指除了生理松量外,还要考虑穿着的内外层关系而加进一定放松量,即设计松量。这个量按人体围度与服装围度之间距离计算,属于设计量。如图 2-13 所示,人体围度用 L 表示,$L = 2\pi r$,服装围度用 L′ 表示,$L′ = 2\pi R$,x 为内衣厚度和与外衣之间空隙的和。那么,设计松量则等于 $L′ - L = 2\pi x$。

假设连衣裙内穿着一件背心,背心厚度为0.1cm,背心与连衣裙之间的空隙量是0.5cm,总计为0.6cm。服装厚度 + 空隙量 = 0.1cm + 0.5 cm = 0.6 cm,$0.6 \times 2\pi = 3.8$ cm,加上人体胸部扩张量 2~4 cm(生理松量),得出的 6~8 cm 就是服装胸围尺寸的整体放松量。

服装围度的放松量设计是指除了考虑生理松量、穿着的内外层关系外,还应依据服装的廓型、合体程度以及面料性能等方面的具体要求而进行。

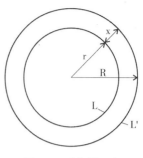

图2-13 放松量设计

### (三)连衣裙放松量设计

连衣裙按合体度可以分为:紧身型、合身型、半宽松型、宽松型,其放松量的设计见表 2-16,供大家参考使用。

表2-16 连衣裙围度放松量设计 单位:cm

| 部位 \ 合体程度 | 紧身 | 合身 | 半宽松 | 宽松 |
|---|---|---|---|---|
| 胸 围 | 6~8 | 8~12 | 12~16 | 16 以上 |
| 腰 围 | 4~6 | 6~10 | 10~16 | 依款式而定 |
| 臀 围 | 4~6 | 6~10 | 10~16 | 依款式而定 |

## 四、成衣规格系列设计

成衣规格系列是以号型系列为基础,根据服装款式和人体体型等因素加上放松量制定出的服装成衣尺寸系列。成衣规格系列又称为成品规格系列,属于成衣产品设计的一部分,从一个侧面反映出该产品的特点。同一号型的不同产品,因品种的不同,可以有多种的规格设计。

对成衣的规格设计,实际上就是针对与服装品种的相关控制部位的规格设计。连衣裙成衣规格涉及的主要部位有:衣长(裙长)、胸围、腰围、臀围、袖长、肩宽、腰节长等。

### (一)规格系列的设计原则

在进行规格设计时,应该遵循以下原则:

**1. 中间体不能变**

服装号型标准中已确定的男女各类体型的中间体数值不能自行更改。

**2. 号型系列和分档数值不能变**

国家标准中已规定男女的号型系列是 5·4 系列和 5·2 系列两种,不能擅自制定别的系列。号型系列一经确定,服装各部位的分档数值也就相应确定,不能任意变动。在实际应用中,考虑到服装有公差范围,为了计算的方便,常有将分档数值进行微调的现象。比如:将女子臀围的档差由 3.6cm 微调至 4cm;将女子颈围的档差由 0.8cm 微调至 1cm。

**3. 控制部位数值不能变**

人体控制部位的数值是经过大量的人体测量和科学的数值分析的结果,因此不能随意改变。

### 4. 放松量可以变

放松量可以根据不同品种、款式、面料、季节、地区以及穿着习惯和流行趋势而变化。因此,在服装号型标准的实施过程中,只是统一号型,而不是统一规格,丝毫不影响服装品种款式的发展和变化。

## （二）规格系列的设计方法

规格设计是反映产品特点的有机组成部分,必须符合具体产品的款式、风格、造型等特点。同一号型的不同产品,可以有多种的规格设计,以凸显产品的个性。

成衣的规格设计,实际上就是对有关的各个控制部位的规格设计。以连衣裙规格系列的设计流程为应用实例。

### 1. 确定号型系列和体型

在连衣裙规格系列设计中,我们选择 5·4 系列。体型选择可选 Y、A、B、C 四种体型,也可选其中的一种,主要根据产品的销售对象、地区而定,在此选择 A 体型。

### 2. 确定号型范围

从表 2-6 中查出女子 A 体型的号型范围:号:145 ～ 180;型:72 ～ 100。

### 3. 确定中间体及其成衣控制部位的规格数值

从表 2-9 中查出 A 体型女上装中间体为 160/84A。

成衣规格中连衣裙控制部位有:衣长(裙长)、胸围、袖长、肩宽、腰节长,可以采用控制部位数值(人体净尺寸)加不同的放松量的方法得出,然后绘制规格系列表。

服装长度规格的确定,按号乘以一定的百分数后加减不同的定数来确定,或按标准中与长度有关的控制部位数值来确定。

裙长 = 号 ×60% +2=160×60% +2=98cm

腰节长 = 号 ×20% + 6=160×20% +6=38 cm 或

腰节长 = 颈椎点高 – 腰围高 =136–98=38 cm

长袖长 = 号 ×30% +5=160×30% +5=53 cm 或

长袖长 = 全臂长 +2.5=50.5+2.5=53 cm

短袖长 = 号 ×20% –12=160×20% –12=20 cm

用"号"乘以一个百分数来确定长度规格,可以使长度规格的分档数值与号的分档数值相吻合。如"号"的分档数值是 5,裙长的分档数值 =5×60% =3,长袖的分档数值 =5×30% =1.5,短袖的分档数值 =5×20% =1。

因此,长度控制部位的规格设计主要是各个控制部位相对于"号"的比例关系的设计,其比例关系决定了各个控制部位规格之间的分档值。由于分档值的递增或递减,必须与人体高矮、胖瘦的变化规律相适应,所以,各算式的比例关系的设计是规格设计的主要部分,算式中的常数项属调剂性质,可以依据具体产品的款式和造型等设计要求灵活选用。

服装围度规格的确定,按对应的控制部位数值加放一定的放松量来确定,例如:

胸围 = 型 +10（放松量）=84+10=94 cm

总肩宽 = 总肩宽(净体尺寸)=39.4 cm

由上得出中间体 160/84A 的连衣裙规格尺寸为:

裙长 98cm, 腰节长 38cm, 长袖长 53cm, 短袖长 20cm, 胸围 94cm, 总肩宽 39.4cm, 将此规格填入表格对应位置上（表 2-17）。

放松量的取值,可以根据不同的款式及穿着要求而设计。但是,放松量的数值一经确定,在同一规格系列中就是一个不变的常量,这样才能保证成品规格的系列化和服装板型的系列化。

**4. 确定其他号型成衣的控制部位数值**

查出各部位分档数值,以中间体成衣的控制部位数值为中心,依次递增或递减确定其他号型成衣的控制部位数值。裙长档差是 3cm, 腰节长档差是 1cm, 长袖长档差是 1.5cm, 短袖长档差是 1cm, 胸围档差是 4cm, 总肩宽档差是 1cm。

**5. 完成规格系列表**

参照国家标准中的号型系列表（表 2-1 ～表 2-6 ）,完成连衣裙规格系列表（表 2-17）。其中空格部分表示号型覆盖率小,可不安排生产。

表2-17　连衣裙规格系列表（5·4系列 A体型）　　　　单位:cm

| 成品规格部位名称 | 号 | 型 | 72 | 76 | 80 | 84 | 88 | 92 | 96 | 100 |
|---|---|---|---|---|---|---|---|---|---|---|
| 胸　围 | | | 82 | 86 | 90 | 94 | 98 | 102 | 106 | 110 |
| 总肩宽 | | | 36.4 | 37.4 | 38.4 | 39.4 | 40.4 | 41.4 | 42.4 | 43.4 |
| 腰节长 | | | 35 | 36 | 37 | 38 | 39 | 40 | 41 | 42 |
| | 145 | 衣　长 | | 89 | 89 | 89 | 89 | | | |
| | | 长袖长 | | 48.5 | 48.5 | 48.5 | 48.5 | | | |
| | | 短袖长 | | 17 | 17 | 17 | 17 | | | |
| | 150 | 衣　长 | 92 | 92 | 92 | 92 | 92 | 92 | | |
| | | 长袖长 | 50 | 50 | 50 | 50 | 50 | 50 | | |
| | | 短袖长 | 18 | 18 | 18 | 18 | 18 | 18 | | |
| | 155 | 衣　长 | 95 | 95 | 95 | 95 | 95 | 95 | 95 | |
| | | 长袖长 | 51.5 | 51.5 | 51.5 | 51.5 | 51.5 | 51.5 | 51.5 | |
| | | 短袖长 | 19 | 19 | 19 | 19 | 19 | 19 | 19 | |
| | 160 | 衣　长 | 98 | 98 | 98 | 98 | 98 | 98 | 98 | 98 |
| | | 长袖长 | 53 | 53 | 53 | 53 | 53 | 53 | 53 | 53 |
| | | 短袖长 | 20 | 20 | 20 | 20 | 20 | 20 | 20 | 20 |
| | 165 | 衣　长 | | 101 | 101 | 101 | 101 | 101 | 101 | 101 |
| | | 长袖长 | | 54.5 | 54.5 | 54.5 | 54.5 | 54.5 | 54.5 | 54.5 |
| | | 短袖长 | | 21 | 21 | 21 | 21 | 21 | 21 | 21 |
| | 170 | 衣　长 | | 104 | 104 | 104 | 104 | 104 | 104 | 104 |
| | | 长袖长 | | 56 | 56 | 56 | 56 | 56 | 56 | 56 |
| | | 短袖长 | | 22 | 22 | 22 | 22 | 22 | 22 | 22 |

（续表）

| 成品规格<br>部位名称 | | 型 | 72 | 76 | 80 | 84 | 88 | 92 | 96 | 100 |
|---|---|---|---|---|---|---|---|---|---|---|
| 号 | 175 | 衣　长 | | | | 107 | 107 | 107 | 107 | 107 |
| | | 长袖长 | | | | 57.5 | 57.5 | 57.5 | 57.5 | 57.5 |
| | | 短袖长 | | | | 23 | 23 | 23 | 23 | 23 |
| | 180 | 衣　长 | | | | | 110 | 110 | 110 | 110 |
| | | 长袖长 | | | | | 59 | 59 | 59 | 59 |
| | | 短袖长 | | | | | 24 | 24 | 24 | 24 |
| | 设计说明 | | | | | | | | | |

## （三）连衣裙成衣规格系列设计流程

以关门领长袖连衣裙为应用实例，其成衣规格既可以从表2-17中直接选择，也可以按以下流程进行设计。

### 1. 确定号型系列和体型

在此选5·4系列A体型。

### 2. 确定号型设置

从表2-6中查出女子A体型的号型范围：号：145～180；型：72～100。

### 3. 确定中间体及母板号型

从表2-9中查出A体型女上装中间体为160/84A。具体款式的成衣规格系列中的母板既可以是中间体，也可以是其他号型。在此考虑到近年来国人平均身高，因此选择165/88A为母板号型。

### 4. 确定母板控制部位数值

连衣裙母板控制部位的规格可以根据国家标准中号、颈椎点高、腰围高、全臂长、胸围、腰围、臀围、颈围和总肩宽等控制部位的数值进行设计。

由于连衣裙属于上衣与下衣连接在一起的服装品种，不仅要有胸围尺寸，而且还要有腰围尺寸，当选定一档胸围尺寸时，腰围尺寸可以在一个特定范围内根据需要做出选择。例如：165/88A号型，净胸围是88cm，由于A体型的胸腰差量是18～14cm，所以腰围尺寸应是88-18=70cm和88-14=74 cm之间，即腰围尺寸为70cm、71cm、72cm、73cm、74cm。如果腰围的档差为2cm，那么，70cm、72cm和74cm都是可以选用的，具体要依款型和销售对象而定。表2-18是A体型胸围和腰围的配置。

表2-18　A体型胸围、腰围和臀围的配置　　　　　　单位：cm

| 胸围 | 腰围 | 臀围 | 胸围 | 腰围 | 臀围 |
|---|---|---|---|---|---|
| 72 | 54 | 77.4 | 88 | 70 | 91.8 |
| | 56 | 79.2 | | 72 | 93.6 |
| | 58 | 81 | | 74 | 95.4 |
| 76 | 58 | 81 | 92 | 74 | 95.4 |
| | 60 | 82.8 | | 76 | 97.2 |
| | 62 | 84.6 | | 78 | 99 |

（续表）

| 胸围 | 腰围 | 臀围 | 胸围 | 腰围 | 臀围 |
|---|---|---|---|---|---|
| 80 | 62 | 84.6 | 96 | 78 | 99 |
| | 64 | 86.4 | | 80 | 100.8 |
| | 66 | 88.2 | | 84 | 102.6 |
| 84 | 66 | 88.2 | 100 | 82 | 102.6 |
| | 68 | 90 | | 84 | 104.4 |
| | 70 | 91.8 | | 86 | 106.2 |

裙长 = 号 ×60% +2=165×60% +2=101cm

腰节长 = 颈椎点高 - 腰围高 =140-101=39cm

长袖长 = 全臂长 +2.5=52+2.5=54.5cm

胸围 = 型 +10（放松量）=88+10=98cm

腰围 = 净腰围 + 放松量 =72+8=80cm

臀围 = 净臀围 + 放松量 =93.6+8=101.6cm

总肩宽 = 总肩宽（净体尺寸）=40.4cm

领大 = 颈围 +2.6（放松量）=34.4+2.6=37cm

在国家标准中并未涉及的袖口尺寸，一般需要根据经验进行设计。将上述数值填入表2-19。

### 5. 完成规格系列表

以母板的控制部位数值为中心，按各部位分档数值，依次递增或递减确定其他号型成衣的控制部位数值，完成规格系列表，见表2-19。这里根据生产实际，需要做五个号，其取值为号: 155～175，型: 80～96。

表2-19　关门领长袖连衣裙成衣规格系列表（5·4系列）　　　　　单位: cm

| 号型<br>规格<br>部位 | 155/80A | 160/84A | 165/88A | 170/92A | 175/96A | 档差 |
|---|---|---|---|---|---|---|
| 裙　长 | 95 | 98 | 101 | 104 | 107 | 3 |
| 胸　围 | 90 | 94 | 98 | 102 | 106 | 4 |
| 后腰节 | 37 | 38 | 39 | 40 | 41 | 1 |
| 腰　围 | 72 | 76 | 80 | 84 | 88 | 4 |
| 臀　围 | 94.4 | 98 | 101.6 | 105.2 | 108.8 | 3.6 |
| 肩　宽 | 38.4 | 39.4 | 40.4 | 41.4 | 42.4 | 1 |
| 袖　长 | 51.5 | 53 | 54.5 | 56 | 57.5 | 1.5 |
| 袖头长 / 宽 | 19.5/5 | 20/5 | 20.5/5 | 21/5 | 21.5/5 | 0.5/0 |
| 领　围 | 35.4 | 36.2 | 37 | 37.8 | 38.6 | 0.8 |

## （四）连衣裙规格系列的号型配置

### 1.号型配置方式

应该指出的是,表2-19的号型配置是号与型同步配置法,属于号型配置的一种。在实际生产中,有以下几种配置方式:

（1）号和型同步配置

配置形式:150/76A、155/80A、160/84A、165/88A、170/92A、175/96A。

（2）一号和多型配置

配置形式: 165/76A、165/80A、165/84A、165/88A、165/92A、165/96A。

（3）多号和一型配置

配置形式:150/84A、155/84A、160/84A、165/84A、170/84A、175/84A。

### 2.一号多型配置连衣裙规格系列设计

服装规格系列设计并无绝对的计算方式,但这并不排除其设计方法具有一定的规律性。表2-20是作为连衣裙基本款式规格设计的一般方法,仅供参考。

表2-20　连衣裙规格设计（5·4系列）　　　　　　　　　　　　单位:cm

| 规格部位＼中间体 | 160/84Y | 160/84A | 160/88B | 160/88C |
|---|---|---|---|---|
| 裙　长 | 98 | 98 | 98 | 98 |
| 胸　围 | 94 | 94 | 98 | 98 |
| 腰节长 | 38 | 38 | 38 | 38 |
| 总肩宽 | 40 | 39.4 | 39.8 | 39.2 |
| 袖长　长袖 | 53 | 53 | 53 | 53 |
| 袖长　短袖 | 20 | 20 | 20 | 20 |
| 设计依据 | 裙长＝号×60％＋2,胸围＝型＋10（松量）,腰节长＝号×20％＋6或腰节长＝颈椎点高－腰围高,总肩宽＝总肩宽(净体尺寸),长袖长＝全臂长＋2.5,短袖长＝号×20％－12 | | | |

## 五、应用规格

应用规格是指针对某种连衣裙面料、款式进行板型设计时实际所采用的规格尺寸。与号型标准所对应的成衣规格系列不同的是,应用规格是根据该款式连衣裙的面料特性、造型与工艺特点对特定部位尺寸作了修正后的规格。

在生产流程中裁片要经过裁剪、缝纫、熨烫等多种工艺外力的影响,加之面料自身的物理回缩量,对裁片的经、纬向尺寸都会造成不同程度的影响。为了避免由于某种外因造成的材料回缩而影响成品规格,企业会根据不同的服装材料采取不同的面料预缩方法。其中包括自然预缩、湿预缩、干热预缩、蒸汽预缩等等。另外,一些大型的服装企业现在已经开始采用预缩机对匹布进行预缩处理,这是较先进的预缩方法,效率高、效果好。无论采取哪一种面料预缩方法其目的都是为了保证成品规格,保证成衣的缝制质量并减少服装穿用过程的变形。当使用未经预缩的面料,或需进行成衣染色、水洗等后整理的面料,需根据应用规格制版。

## (一)面料的回缩率

### 1.缩水率

缩水率指织物浸水后收缩的程度,一般天然纤维织物的缩水率大于合成纤维织物。

缩水率 = [(织物原来长度 − 浸水后的长度)/ 织物原来长度] × 100%

常见织物的缩水率见表 2-21。

表2-21 常见织物的缩水率

| 品 名 | | 品 种 | 缩水率(%) | |
|---|---|---|---|---|
| | | | 经 向 | 纬 向 |
| 印染棉布 | 丝光布 | 平布、斜纹、哔叽、贡呢 | 3.5~4 | 3~3.5 |
| | | 府绸 | 4.5 | 2 |
| | | 纱(线)卡其、纱(线)华达呢 | 5~5.5 | 2 |
| | 本光布 | 平布、纱卡其、纱斜纹、纱华达呢 | 6~6.5 | 2~2.5 |
| | | 防缩水整理的各类印染布 | 1~2 | 1~2 |
| 色织棉布 | | 男女线呢 | 8 | 8 |
| | | 条格府绸 | 5 | 2 |
| | | 被单布 | 9 | 5 |
| | | 劳动布(预缩) | 5 | 5 |
| 呢绒 | 精纺呢绒 | 纯毛或含毛量在70%以上 | 3.5 | 3 |
| | | 一般织物 | 4 | 3.5 |
| | 粗纺呢绒 | 呢面或紧密的织物 | 3.5~4 | 3.5~4 |
| | | 绒面织物 | 4.5~5 | 4.5~5 |
| | | 组织结构比较稀松的织物 | 5以上 | 5以上 |
| 丝绸 | | 桑蚕丝织物(真丝) | 5 | 2 |
| | | 桑蚕丝与其他纤维交织物 | 5 | 3 |
| | | 绉线织物和绞纱织物 | 10 | 3 |
| 化纤织物 | | 粘胶纤维织物 | 10 | 8 |
| | | 涤棉混纺织物 | 1~1.5 | 1 |
| | | 精纺化纤织物 | 2~4.5 | 1.5~4 |
| | | 化纤仿丝绸织物 | 2~8 | 2~3 |

### 2.热缩率

热缩率表示织物遇热后收缩的程度。服装在缝制的过程中,需要有熨烫、黏贴粘合衬等工艺要求,而有些面料尤其是化纤织物在遇热的情况会产生收缩,因此在成衣规格设计时需加放相应的收缩量。

热缩率 =［织物原来长度 – 加热后长度 / 织物原来长度］× 100%

## (二)成衣应用规格

成衣生产过程中所产生的面料回缩,直接造成了服装成品尺寸不足,会影响到产品质量和企业的信誉度,因此,在对服装成品规格要求较高或者生产中使用回缩率较大的面料时,均需要计算出与回缩率对应的调整尺寸,在服装成品规格的基础上,增加一个应用规格(表2-22)。

应用规格 = 成品规格 / (1– 回缩率)

表2-22　样板规格表 　　　　　　　　　　　　　　单位: cm

| 号 / 型 | 部位名称 | 裙长<br>(后中长) | 胸围 | 腰围 | 臀围 | 肩宽 |
|---|---|---|---|---|---|---|
| 160/84A | 成品规格 | 88 | 92 | 74 | 96 | 37.4 |
| | 回缩率 | 5% | 3% | 3% | 3% | 3% |
| | 应用规格 | 92.6 | 94.8 | 76.2 | 98.9 | 38.5 |
| | 注:混纺丝织物经向收缩 5%,纬向收缩 3% | | | | | |

思考题:

1.了解连衣裙的分类对连衣裙板型设计有哪些帮助?

2.列出连衣裙板型中有对应关系的结构线名称。

3.连衣裙成品规格设计的方法有哪些?

# 第三章
# 连衣裙板型设计方法概述

服装板型设计是服装工业化生产中的重要环节,是一门研究服装构成特点、结构变化规律和造型工艺技术应用的学科,是以服装的平面展开形式——服装结构制图,揭示服装与人体的关系、服装各部位相互关系以及服装由平面到立体的转化规律,并完成工业生产样板的设计。它的最终目的是为了高效而准确地进行服装的工业化生产。

板型设计的工作范围包括根据设计要求将款式设计完成的立体的服装效果图展开成平面的服装结构图,并结合面料特性绘制成纸样,经过试样、调整、确认等环节制成服装工业系列样板的过程。其知识结构涉及人体解剖学、人体工程学、服装材料学、服装造型设计学、服装工艺学以及心理学、美学、数学等内容,是一门科学与美学、技术与艺术相互渗透、实践性很强的学科,必须把理论与实践密切结合,并通过大量的实验才能达到深入理解和灵活运用的境界。

板型设计的方法有多种,虽然都是以人体形态为依据,以合体适穿为目的,但是按设计方式的不同可分为平面结构设计和立体结构设计两大类。平面结构设计按各自对于体型的测量部位和方法、对于所测尺寸的配置、使用以及对于制图裁剪的程序、方式等方面的不同又可分为原型法和比例法。

应当指出的是,不仅各种板型设计方法随着人们对服装与人体结构的客观规律认识的不断深入,而不断发展和完善的,而且,在现代服装板型设计中,往往将比例法、原型法及立体法有机地结合起来使用,做到扬长避短,只有这样才能得到高效准确的服装造型。

## 第一节 比 例 法

比例法是在服装领域占有重要地位的一种板型设计方法,在中国服装企业中应用最为广泛。比例法作为服装企业的板型设计方法已沿袭多年,并且至今仍是服装企业主要板型设计手段,已经形成一个完整的体系。

### 一、比例法的概念

比例法也叫成品尺寸比例分配制图法。比例法是在板型结构设计过程中,首先将测体后得到的人体主要部位的尺寸(如胸围、腰围、臀围等),根据服装款式、材料质地、穿着季节和穿着者的要求,加放一定的松量,得到服装的成衣规格,然后按照一定的比例关系,计算推导出服装其他主要部位的尺寸,进而绘制出服装结构图的板型设计方法。

使用比例法进行的服装结构设计的过程可以概括为：人体测量——加放松量——按比例计算——绘制结构图四大步骤。比例法是一种直接制图的方法，可以用于在布料上直接裁剪。

## 二、比例法的种类

比例法有很多流派，在服装企业中常用的有以下两种：

### （一）胸度臀度法

胸度臀度法是以人体比例为依据，以服装的成衣胸围或成衣臀围为基数，推算出服装各个部位的尺寸，进而进行板型设计的方法。传统的比例法板型设计中，对那些难以通过人体测量得到的部位尺寸，如上装中的袖窿深、袖窿宽、袖山深、袖肥和裤装的上裆、前后裆宽、中裆等部位，一般以易测部位的成衣尺寸（胸围、臀围等）按人体比例进行推算。根据所用比例的不同，胸度臀度法又可划分为三分法、四分法、六分法、八分法、十分法等。

三分法制图的基本特点是，把上衣的胸围一周看作是胸宽、背宽及两个袖窿宽各约占三分之一，用胸围成品尺寸1/3作为衡量各有关部位尺寸的基数；八分法更适用于采用英制单位的比例制图；十分法具有计算快捷方便和准确率高的特点。

### （二）短寸法

利用短寸法设计的服装大多数部位的尺寸直接取自测体，即首先准确地测量出人体的前胸、后背、肩部、颈部、臂部、腰部、臀部、腿部等详细部位的尺寸，然后按这些尺寸进行板型设计。

在服装企业中常用到短寸法。企业所用的短寸法又被称为"实寸法"或"拷样"（俗称"扒样"），是指按照给定的成衣规格或服装实物（即样衣）进行板型设计。在外贸订单中，客户有时只提供样衣，服装企业必须准确测量该服装的各部位尺寸，以此为参考尺寸，完美地将样衣进行复制。

## 三、比例法的特点

#### 1. 松量设计

依据加放松量后的成衣尺寸绘制服装结构设计图，是我国比例法的一大特色，这有助于设计者对成衣的把握。设计者在绘制结构图之前应该想象得出人体与服装之间的立体空间关系，因此，提前设计服装主要部位的松量大有必要。

#### 2. 程式化款式制版效率高

比例法制版对于一些受众范围广、程式化的服装款式，如西裙、西裤、衬衫、西装等款式的板型构成方法经过长期的实践验证已经形成了一系列固定的经验公式，设计者可以放心参照，直接套用公式，简单正确，大大提高了制版效率。

#### 3. 比例关系具有不确定性

比例法的主要特点是在制版过程中，以成衣主要围度尺寸为基数，按一定的比例推导出其他部位的尺寸。例如设计连衣裙板型,以胸围成衣规格为基数按照对应比例,同时加减不同的常数,计算出袖隆深、袖山高、袖肥等部位的尺寸。

比例法非常注重服装各部位的比例关系,其实这种比例关系归根到底来自于人体各部位的比例。但是人体各部位的比例随种族、性别、年龄、体型的不同存在很大差距,款式的多样化又加大了这种差距。因而,在比例分配的过程中,单一的分配比例对于服装结构的准确性就会造成一定影响,为了消除这种不确定性,比例法根据服装局部与整体的比例关系设计分配比例同时加减常数值,以此求得板型结构的准确性。例如设计合体连衣裙板型,袖隆深 =1.5B/10+2cm,其中 2cm 就是用于调整袖隆开度的常数值,是变量,依据连衣裙袖隆的宽松程度做增减调整。

## 四、比例法应用实例

### 1. 开门领半袖连衣裙外形特征

尖角开门领,前开门,九粒扣,无腰线,四片身结构,前身有腋下省和腰省,后身有肩省和腰省,一片袖,散袖口(图 3-1)。

### 2. 主要部位测量与放松度

裙长:从侧颈点经过胸点垂直量至膝下 10cm 左右处。

胸围:在胸部最丰满处水平围量一周,加放松量 10cm。

腰围:在腰部最细处水平围量一周,加放松量 10cm。

臀围:在臀部最丰满处水平围量一周,加放松量 10cm。

领大:在颈根部围量一周,加放松量 3cm。

肩宽:从人体背部水平量取左右肩端点之间的距离。

袖长:从肩端点顺手臂量至所需要的长度。

图3-1 开门领半袖连衣裙款式图

### 3. 成品规格

表 3-1 是开门领半袖连衣裙成品规格表。

表3-1    开门领半袖连衣裙成品规格表　　　　　　　　　　　　　　　　　单位: cm

| 号/型 | 部位名称 | 裙长 | 胸围 | 腰围 | 臀围 | 肩宽 | 袖长 | 领大 |
|---|---|---|---|---|---|---|---|---|
| | 部位代号 | L | B | W | H | S | SL | N |
| | 人体净尺寸 | | 84 | 68 | 90 | 39.4 | | 34 |
| 160/84A | 加放尺寸 | | 10 | 10 | 10 | 0 | | 3 |
| | 成品尺寸 | 105 | 94 | 78 | 100 | 39.4 | 20 | 37 |

### 4. 主要部位分配比例尺寸

开门领半袖连衣裙主要部位分配比例尺寸见表 3-2。

表3-2    主要部位分配比例尺寸　　　　　　　　　　　　　　　　　　　单位: cm

| 序号 | 部位 | 前身分配比例 | 尺寸 | 后身分配比例 | 尺寸 |
|---|---|---|---|---|---|
| 1 | 裙长 | 裙长尺寸 | 105 | 裙长尺寸 | 105 |
| 2 | 领口深 | $2N/10$ | 7.4 | 5% $N$ | 1.9 |
| 3 | 落肩 | $B/20$ | 4.7 | $B/20+0.5$ | 5.2 |
| 4 | 袖窿深 | $1.5B/10+2$ | 16.1 | $1.5B/10+4.5$ | 18.6 |
| 5 | 腰节高 | 号/4 | 40 | 号/4－1 | 39 |
| 6 | 领口宽 | $2N/10-0.5$ | 6.9 | $2N/10-0.5$ | 6.9 |
| 7 | 肩宽 | $S/2$ | 19.7 | $S/2+1.5$ | 21.2 |
| 8 | 胸背宽 | $1.5B/10+2.8$ | 16.9 | $1.5B/10+4$ | 18.1 |
| 9 | 胸围 | $B/4$ | 23.5 | $B/4$ | 23.5 |
| 10 | 腰围 | $W/4+$省2.5 | 22 | $W/4+$省2.5 | 22 |
| 11 | 臀围 | $H/4$ | 25 | $H/4$ | 25 |
| 12 | 袖长 | 袖长尺寸 | 20 | | |
| 13 | 袖山高 | $B/10+3$ | 12.4 | | |
| 14 | 袖肥 | $2B/10-0.5$ | 18.3 | | |

## 5. 连衣裙板型制图(图 3-2 )

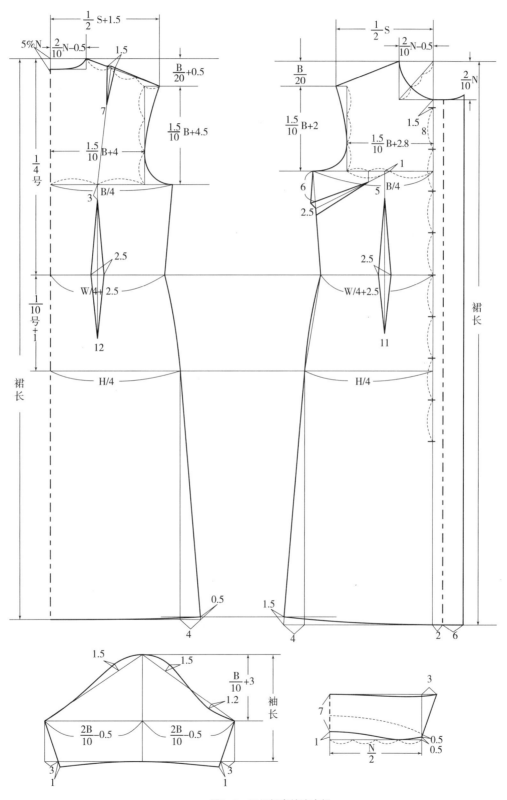

图3-2 开门领半袖连衣裙

# 第二节　原　型　法

原型法是由国外传入我国的一种板型设计方法,其流派较多,如日本原型法,美国原型法,英国原型法等。由于我国人体体形和文化与邻国日本比较接近,所以日本原型法对我国影响较大。20世纪80年代初期,随着我国高校服装专业的兴起,日本原型法被引入我国,并逐步被吸收和转化,形成了符合我国国情的原型法。

## 一、原型法的概念

所谓"原型"是指通过平面的或立体的方式获得的,反映人体外形轮廓的平面展开图,也称为服装的基本型或母型。其中,平面的方法指根据人体净尺寸经公式计算绘制成服装的基本型;立体的方法是在人台上通过立体裁剪而获取的最简洁衣型。

原型法是指在原型的基础上,根据服装款式的具体要求,运用一套完整系统的理论,进行板型设计的方法。原型法的设计过程实际上包含着两个部分的内容:首先是绘制服装原型,这时的原型只能作为各种款式服装板型设计的基础依据,不能直接当作服装板型;第二是在原型的基础上,按照具体的服装款式再绘制服装的板型结构图。包括对所设计服装的品种、款式、造型及主要长度、围度规格的具体设定,逐个部位地按原型加以放缩、进行省道及结构线设计、修饰处理等再造型,并配置领、袖等零部件。原型法属于间接的板型设计方法。

## 二、原型法的特点与分类

（一）原型法的特点

1. 净尺寸制图。原型在绘制的过程中,使用人体净尺寸按比例分配后加放松量的方法,这既符合人体共性化的需要,又能适应服装各部位松量的不同需要。

2. 简便易学,款型变化方法灵活多样。绘制原型时,只要测量少量的数据,最大限度地降低测量的误差,操作简单;款式变化时,可以根据款式的需要,十分直观的应用加放、收缩、分割等手段,迅速而准确地绘制出各种款式样板,而不需要像比例法那样要记住许多公式,并能大大地提高工作效率。

3. 长期反复使用。原型法虽然要先绘制原型,再进行具体款式的板型设计。但是,一定的原型,只要本人的体型不发生变化,即可长期使用;尤其是在工业化的批量生产中,可按照国家号型标准制作出各个号型的原型,以供长期反复使用。

4. 形式简洁,适应性广。原型制图时只需要几个主要部位的尺寸,例如上衣身原型的绘制只需要胸围和背长尺寸即可,对于同一号型不同体型的板型,采用在绘制具体款式的板型时一并处理,这样就可以利用有限的几个原型制作出多个号型系列和不同体型的服装板型。

5. 需要全面的服装专业知识结构作基础。原型制图只需几个主要部位的尺寸数据即可,较为简单。但精确地绘制原型、灵活地使用原型,使之准确地体现出服装的各种款型变化,及其各部位适度的规格尺寸,则必须具备服装结构的相关知识、造型艺术等方面的修养与判断能力。如各个部位按款式变化的收、放与配制规律,不同款式的省道、褶裥变化原理及线条分割、结构断缝的造型原理,各种门襟、领型及袖型的不同配置方法与画法等。

6.具有较完整的理论体系,可操作性强。原型法有一整套比较完善的剪切、展开和省缝转移等结构设计理论,适用于款式较复杂的时装的结构设计,它具有形象化便于理解的特点和进一步阐述服装变化原理等作用。原型法在理论上普遍被现代服装教育所接受,并在世界各国广泛使用。

## (二)原型法的分类

原型的分类方法有:

### 1.按穿着人群分

女装原型、男装原型和童装原型。

### 2.按人体结构分

上身原型、下身(裙子或裤子)原型及手臂(袖子)原型。

### 3.按服装品种分

衬衫原型、套装原型、外套原型、裙装原型和裤装原型。

### 4.按年龄分类

少女原型、青年原型、妇女原型。

### 5.按国家和地区分

不同人种、不同体型的人群其原型也应不同。服装工业较发达的国家都有自己的服装原型,如英式原型和美式原型,甚至每一个成熟的服装企业针对自己的销售对象,都有自己的工业原型,它包含着服装企业的文化和技术内涵。

由于日本服装业发展较早,且其人体体型与我国接近,对我国和东南亚及港、澳地区影响较大。而且,原型裁剪在日本流派很多,各具特点,各有千秋。其中文化式原型和登丽美式原型是两种较为典型的原型制图裁剪法。

(1)文化式原型

文化式原型制图的特点是使用尺寸少、方法简易,它与胸度式类似,上衣仅需背长、胸围与袖长。目前文化式原型已发展为第七代原型。

(2)登丽美式原型法

与文化式的特点相反,登丽美式原型制图类似短寸法,它需要较多的测体尺寸,这比从一个部位的尺寸推算出若干部位的尺寸更为准确,还使用了一些正常体型的"定寸"数值,因而它比文化式原型制图复杂得多。

## 三、女装原型制图

### (一)直身型原型特点

这里所介绍的女装直身型原型是根据我国人体的体型特征以及应用实践的需要,以文化式原型为基础,加以修改制订的津派原型。首先,增加了肩宽的规格尺寸及定位方法,更好地控制肩部造型;其次,采用了直身型结构形式,将乳凸量视为胸部全部省量的一部分,设在前侧缝线上,同时前后片腰省均采用1/4胸腰差量获得,使胸围和腰围的松量保持一致。服装造型设计往往是追求服装外部廓型所呈现的整体效果,具体说是采取省量、褶裥、分割线等技术手段,运用结构设计原理将肩、胸、腰、臀等各部位规格间差量按比例协调分配来设计服装廓型,即在实际的应用中,肋缝分割线位置是随着胸围与腰围差量(腰部总省量)变化和造型要求而调整的,这样文化式原型肋缝采取向后借量的分割形式就失去了实际意义。

## (二)直身型原型制图

### 1.衣身原型制图(图3-3,图3-4)

制图的必要尺寸按照国家服装号型标准,采用的号型为160/84A。其中,胸围(B)84cm、背长38cm、肩宽(S)39.4cm。

(1)作长方形。作长为B/2+6cm (放松量),宽为背长的长方形,长方形的右边线为前中线、左边线为后中线、上边线为上平线、下边线为腰辅线。

(2)作基本分割线。从上平线向下量B/6+7.5cm,作前、后中线的垂线,作为袖窿深线。在袖窿深线上,分别从前后中线量取B/6+3cm和B/6+4.5cm作垂线交于上平线,两线分别为胸宽线和背宽线。在袖窿深线上,取中点并向下作垂线,交于腰辅助线,该线为前后衣片的分界线(图3-3)。

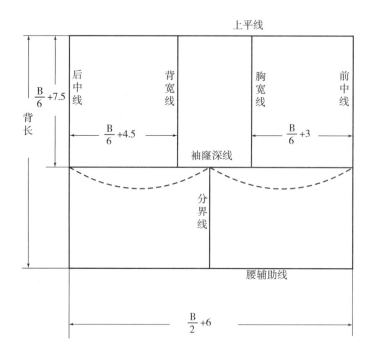

图3-3 女装直身型原型衣身辅助线

(3)作后领口曲线。在上平线上,从后中线顶点取B/12为后领口宽。自该点上量1/3后领口宽为后领口深,如图3-4所示用平滑的曲线连接后领口弧线。

(4)作前领口曲线。在上平线上,从前中线顶点向左量取后领口宽-0.2为前领口宽,向下量取后领口宽+1为前领口深,并作矩形。从前领口宽线与上平线交点向下量0.5cm为前侧颈点,矩形右下角为前颈点,用平滑的曲线连接前领口弧线。

(5)作后肩线。后肩宽以肩宽/2+1.5cm(后肩省)自后中点沿上平线向右量,确定后肩宽,自该点向下量 1/3 后领口宽确定后肩点,连接后侧颈点和后肩点,即完成后肩线。

（6）作前肩线。从胸宽线与上平线的交点向下量 2/3 后领口宽水平引出射线,由前侧颈点向射线量取后肩线 −1.5cm 为前肩线（肩胛省 1.5cm）。

（7）作袖窿曲线。在背宽线上取后肩点至袖窿深线的中点为后袖窿与背宽线的切点；在胸宽线上取前肩点至袖窿深线的中点为前袖窿与胸宽线的切点；用平滑圆顺的弧线连接前肩点,胸宽点、袖窿底点和背宽点及后肩点,描绘出袖窿曲线。

（8）作胸乳点。在前片袖窿深线上,取胸宽的中点向后身方向偏移 0.7cm 作垂线,垂线长 4cm 处为胸乳点（BP 点）。

（9）作前、后腰线和侧缝线。以后中线至分界线之间的原腰辅助线为后腰线,从前中线与腰辅助线之交点向下延长乳凸量（前领口宽 1/2）,并作前腰辅助线的平行线与分界线的延长线相交,分别画出前腰线和侧缝线。

（10）基本省量。后身基本省包括肩胛省和腰省,前身基本省包括侧省（乳凸量）和腰省。

（11）确定袖窿符合点。在背宽线上,肩点至袖窿深线的中点向下 3cm 处作水平对位记号,为后袖窿符合点；在胸宽线上,肩点至袖窿深线的中点向下 3cm 处作水平对位记号,为前袖窿符合点。至此,完成直身型原型衣身的制图（图 3−4）。

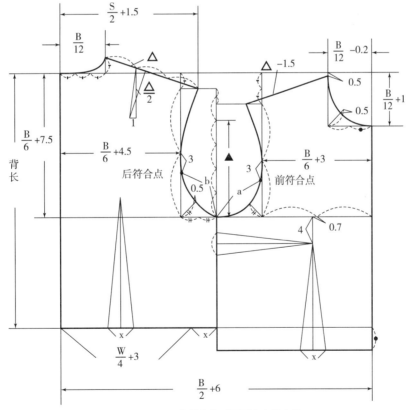

图3−4　女装直身型原型衣身轮廓线

## 2. 袖子原型制图（图 3−5,图 3−6）

制图的必要尺寸按照国家服装号型标准,采用的号型为 160/84A。其中,袖长 50.5cm。

（1）作袖中线。按袖长尺寸画垂直线作为袖中线。

（2）作落山线。从袖中线顶点向下量取袖山高尺寸（衣身前、后肩点垂直距离的中点至袖窿深线距离的4/5）并作袖中线的垂线，确定为落山线。

（3）确定袖肥。从袖中线顶点向右量取前AH交于前落山线上，向左量取后AH+1cm交于后落山线上，得到袖肥。

（4）作前、后袖缝线和袖口辅助线。从袖肥两端作垂线至袖中线同等长度，分别为前、后袖缝线。连接前、后袖缝线作为袖口辅助线。

（5）作肘线。将袖中线的中点下移2.5cm，作水平线为肘线，如图3-5所示。

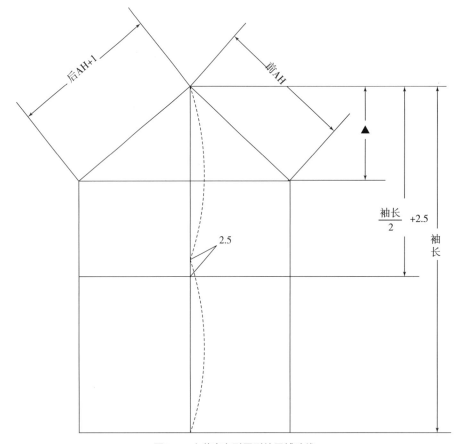

图3-5　女装直身型原型袖子辅助线

（6）作袖山曲线。把前袖山斜线分为四等份，靠近袖山顶点的等分点垂直斜线向外凸起1.8cm，靠近前袖缝线的等分点垂直斜线向内凹进1.3cm，在斜线中点顺斜边向下1cm为袖山S形曲线的转折点。在后袖山斜线上，由袖山顶点顺斜线量取1/4前袖山斜线并凸起1.5cm，后袖山斜线剩余部分的1/2处为后袖山曲线的转折点，转折点至后袖缝线的1/2处凹进0.7cm左右。最后用平滑圆顺的曲线画顺袖山曲线。

（7）作袖口曲线。分别把前、后袖口辅助线分为两等份，在前袖口辅助线中点向上凹进1.5cm，后袖口辅助线中点为切点，在袖口辅助线两端分别向上移1cm，最后用平滑圆顺的曲线连接袖口曲线。

（8）确定袖符合点。袖后符合点取衣身后符合点至侧缝线的弧线长度加上0.2cm；袖前符合点取衣身前符合点至侧缝线的弧线长度加上0.2cm。至此，完成原型袖子制图，如图3-6所示。

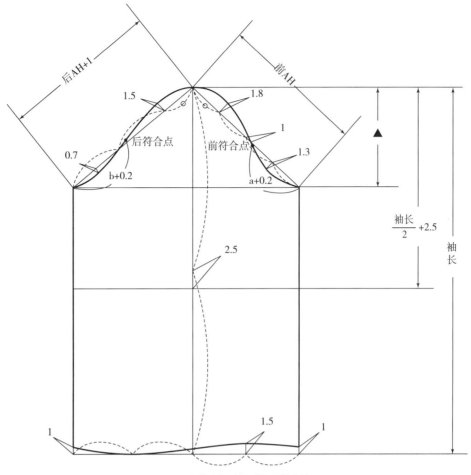

图3-6　女装直身型原型袖子轮廓线

### 3. 裙子原型制图(图 3-7 )

制图的必要尺寸按照国家服装号型标准,采用的号型为160/84A。其中,腰围( W )68cm、臀围( H )90cm、腰长 18cm、裙长在应用设计时是可以随意改变的,这里裙长设定为60cm。

（1）作长方形。作长为裙长,宽为 1/2 臀围 +2cm（放松量）的长方形。长方形的右边线为前中线,左边线为后中线,上边线为腰辅助线,下边线为裙摆辅助线。

（2）作臀围线和前后片分界线。从后中线的顶点向下取腰长尺寸作后中线的垂线,交于前中线为臀围线。取臀围线的中点作垂线,向上交于腰辅助线,向下交于裙摆线,该线即为前、后裙片的分界线。

（3）作裙侧缝线线和腰缝曲线。在腰辅助线上,分别从前后中线向中间取 1/4 腰围,把剩余部分各分为三等份。分别在靠近腰辅助线中点的三分之一等分点处翘起 0.7cm,与前、后裙片的交界线与臀围线的交点上移 4cm 处连接成弧线,完成前、后裙片的侧缝线。从前起翘点到腰辅助线作向下凹的曲线完成前裙片;在后中线顶点下移 1cm 为实际后裙长顶点,并与后裙片的 0.7cm 侧缝起翘点相连接,完成后裙片。

（4）作腰省。前后裙片各有两个省,分别在腰缝线的 1/3 处,每个省大是 1/3 前腰围与前臀围的差量,前片省长均为 10cm,后片侧省长 11cm,后中省长 12cm（图 3-7）。

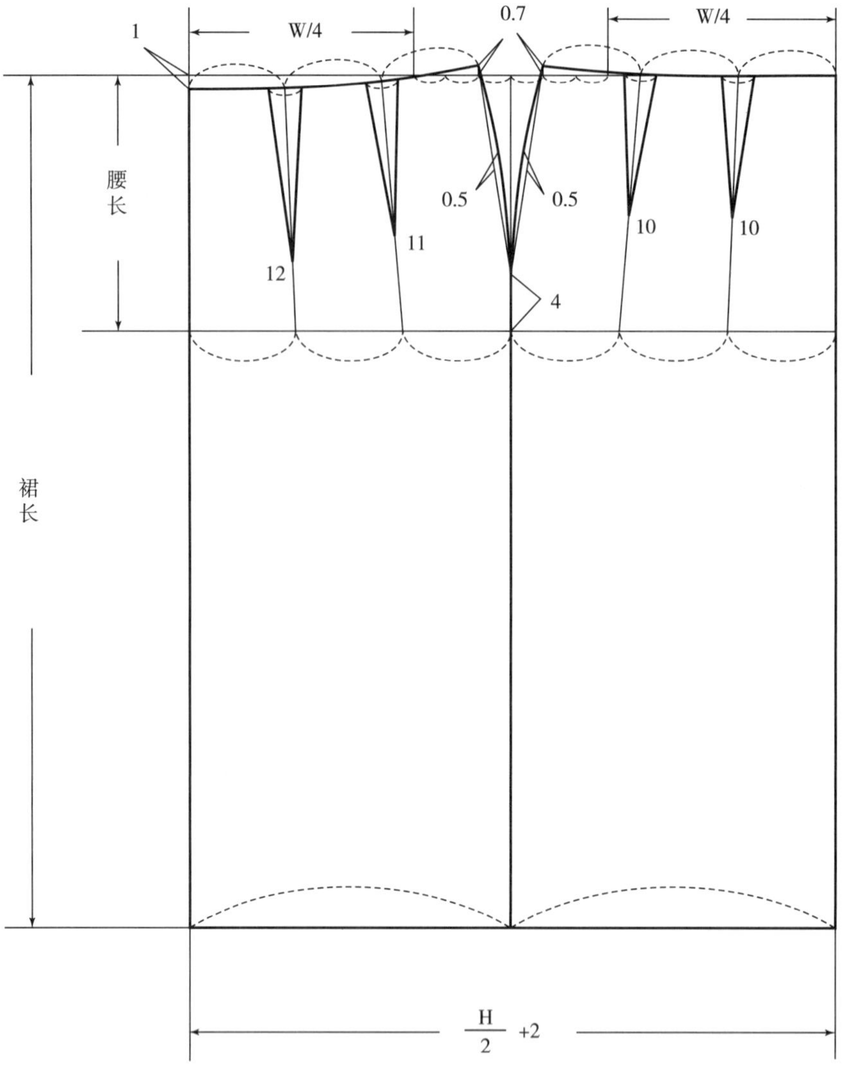

图3-7　裙子原型

## 四、原型法连衣裙板型设计应用

### （一）有腰线背心连衣裙板型设计

以最典型的、夏季常见的、可与短上衣配套穿用的无袖背心连衣裙为例，其板型结构简洁，是有腰线连衣裙结构变化的基础板型。

#### 1. 款式特点

如图 3-8 所示为有腰线的连衣裙的基本款式，根据基本造型的无袖、贴身要求和带有腰线的特征，前衣身左右各有一个腋下省、一个腰省，后衣身左右各有一个腰省，前后裙片左右各有一个腹凸省和臀凸省，为穿脱方便，开门拉链设在后中线，从后领口中点至臀围线以下2cm。

图3-8　有腰线背心连衣裙款式图

### 2.规格设计

此款连衣裙整体上属于比较贴身的结构,表3-3为有腰线连衣裙的基本款成品规格设计表。

表3-3　有腰线连衣裙基本款的成品规格　　　　　　　　　　　　　　单位:cm

| 号／型 | 部位名称 | 后中长 | 胸围 | 腰围 | 臀围 | 肩宽 |
|---|---|---|---|---|---|---|
| | 部位代号 | L | B | W | H | S |
| 160/84A | 净体尺寸 | 38 | 84 | 68 | 90 | 39.4 |
| | 加放尺寸 | 59 | 8 | 8 | 8 | -10 |
| | 成品尺寸 | 95.5 | 92 | 76 | 98 | 29.4 |

### 3.板型设计

首先,绘制原型,根据已经确定的成品规格尺寸表,需绘制号型为160/84A的原型,其中净胸围84cm,背长38cm;其次,利用原型绘制具体款式结构图(图3-9)。

(1)确定裙长。连衣裙的长度比较自由,可根据款式的需要与穿着者的爱好灵活变化。该款根据效果图取腰节线下60cm为裙长,裙边位于人体膝关节下10cm左右。

(2)确定胸围尺寸。合体连衣裙的胸围放松量一般在6～10cm,因为该款式为无袖设计,所以放松量取8cm。又因为在原型板中已包含胸围放松量12cm,故需在前后身侧缝线处各减去1cm。

(3)确定腰围尺寸。合体连衣裙的腰围放松量一般在8～10cm,该款取8cm,前后腰围尺寸各为W/4+2cm(放松量)。

(4)确定臀围尺寸。合体连衣裙的臀同放松量一般在6～8cm,该款系小A裙,臀围放松量取8cm,前后臀围尺寸各为H/4+2cm(放松量)。

(5)画后衣身。在后衣身原型基础上,由于无袖,故肩宽减小5cm,袖窿深减小1.5cm,重新修顺袖窿弧线;后领口宽加大3.3cm,后领口深加深1.5cm,重新修顺领口弧线;然后在腰围上取W/4+2cm(放松量),后衣身胸围和腰围成品尺寸差量的2/3为腰省大,1/3从侧缝线收进。

(6)画前衣身。在前衣身原型基础上,前领口深加大3cm,前领口宽加大3cm,重新修顺领口弧线;按后小肩尺寸截取前小肩的尺寸,袖窿深减小1.5cm,重新修顺袖窿曲线;以BP点为中心,把腋下省转移至袖窿深线以下6～7cm处,腋下省省尖距BP点3cm;然后在腰围上取W/4+2cm(放松量),前衣身胸围和腰围成品尺寸差量的2/3为腰省大,1/3从侧缝线收进,腰省尖距BP点3cm。

(7)画后裙片,取裙长60cm为长,H/4+2cm(放松量)为宽,画矩形。按腰长18cm画臀围线,在腰围线上取后腰围大为W/4+2(放松量)。腰缝线在后中心线处下落1cm,在后裙片腰围和臀围成品尺寸差量的1/2处起翘0.7cm,画顺腰缝线和侧缝线,在腰围线上为了达到上衣和下裙接缝的吻合,裙子省缝和上衣腰省缝位置相同,省量取后裙片腰围和臀围成品尺寸差量的1/2,省长12cm。另外,为了下肢正常运动需增加裙摆量,取臀围线下10cm处增加1cm,顺延侧缝线,最后使裙摆在侧缝处翘起1cm并与侧缝线成直角。

（8）画前裙片。取裙长 60cm 为长，H/4+2cm（放松量）为宽，画矩形。按腰长 18cm 画臀围线，在腰围线上取前腰围大为 W/4+2cm（放松量）。在腰缝线上，前裙片腰围和臀围成品尺寸差量的 1/2 处起翘 0.7cm 确定一点，分别画顺腰缝线和侧缝线，在腰围线上为了达到上衣和下裙接缝的吻合，裙子省缝和上衣腰省缝位置相同，省大取前裙片腰围和臀围成品尺寸差量的 1/2，省长 11cm。另外，为了下肢正常运动需增加裙摆量，取臀围线下 10cm 处增加 1cm，顺延侧缝线，最后使裙摆在侧缝处翘起 1cm 并与侧缝线成直角。

（9）画贴边。由于此款连衣裙无领无袖，且肩宽较窄，因此，把领口贴边和袖窿贴边一起配置。

（10）标注开口位置、布纹方向等工艺符号，完成有腰线的背心连衣裙的板型设计（图 3-9）。

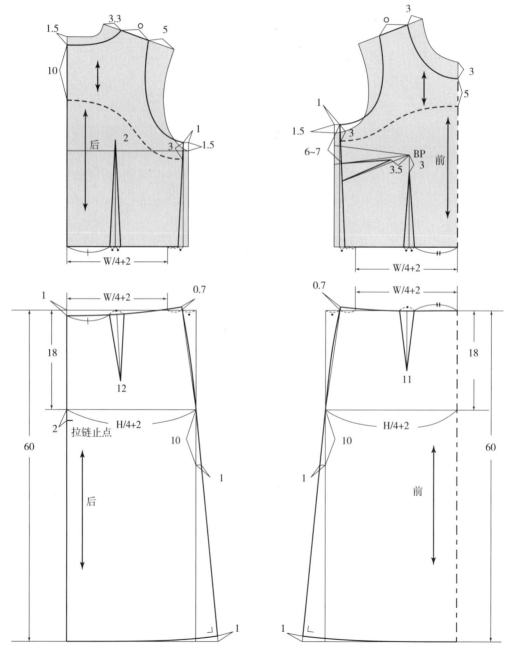

图3-9　有腰线连衣裙基本款

## （二）无腰线的连衣裙基本款板型设计

### 1. 款式特点

如图 3-10 所示为无腰线的连衣裙的基本款式,其外形特征相似于有腰线的连衣裙基本造型,但其结构与有腰线的连衣裙不同。鸡心领、无袖、整体造型十分合身,衣身与裙身合并连接成一体,裙摆呈小 A 字造型。前身胸省转移至袖窿处,前身两侧各有一个袖窿省、一个腰省,后身左右各有一个腰省,为穿脱方便,开门拉链设在后中线,从后领口中点至臀围线以下 2cm 处。该款结构是无腰线连衣裙结构变化的基础。

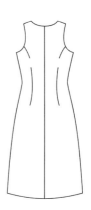

图3-10　无腰线连衣裙基本款式

### 2. 规格设计

此款连衣裙整体上属于合身的结构,表 3-4 为无腰线连衣裙的基本款成品规格设计表。连衣裙的长度比较自由,可根据款式的需要与穿着者的爱好灵活变化。该款根据效果图取腰节线下 60cm 为裙长,裙边位于人体膝关节下 10cm 左右。

表3-4　无腰线连衣裙基本款的成品规格　　　　　　　　　　　单位:cm

| 号 / 型 | 部位名称 | 后中长 | 胸围 | 腰围 | 臀围 | 肩宽 |
|---|---|---|---|---|---|---|
| | 部位代号 | L | B | W | H | S |
| | 净体尺寸 | 38 | 84 | 68 | 90 | 39.4 |
| 160/84A | 加放尺寸 | 60 | 6 | 6 | 6 | −10 |
| | 成品尺寸 | 96.5 | 90 | 74 | 96 | 29.4 |

### 3. 板型设计

首先,绘制原型,根据已经确定的成品规格尺寸表,需绘制号型为 160/84A 的原型,其中净胸围 84cm,背长 38cm;其次,利用原型绘制具体款式结构图(图 3-11 )。

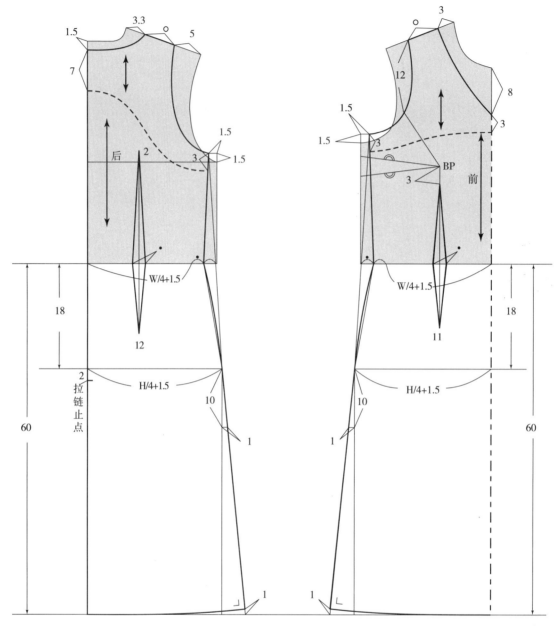

**图3-11 无腰线连衣裙**

（1）确定胸围尺寸。合体连衣裙的胸围放松量一般在6～10cm，因为该款式为无袖设计，所以放松量取6cm。又因为在原型板中已包含胸围放松量12cm，故需在前后身侧缝线处各减去1.5cm。

（2）确定腰围尺寸。该款连衣裙较合体，腰围放松量取6cm，前后腰围尺寸各为W/4+1.5cm（放松量）。

（3）确定臀围尺寸。合体连衣裙的臀围放松量一般在6～8cm，该款系小A裙，臀围放松量取6cm，前后臀围尺寸各为H/4+1.5cm（放松量）。

（4）画后身。在后衣身原型基础上，由于无袖，故肩宽减小5cm，袖窿深减小1.5cm，重新修顺袖窿弧线；后领口宽加大3.3cm，后领口深加深1.5cm，重新修顺领口弧线；然后把后中线由腰节线向下延长60cm为裙长尺寸，按腰长18cm画臀围线，在腰围线上取后腰围大为W/4+1.5（放松量），在臀围线上取后臀围尺寸为H/4+1.5（放松量），连接胸围定点和臀围定点与腰节线相交，作为侧缝辅助线。该线至腰围定点的1/2处为侧缝线收腰点，另外，为了下肢正常运动需增加裙摆量，取臀围线下10cm处增加

1cm,顺延侧缝线,最后使裙摆在侧缝处翘起 1cm 并与侧缝线成直角。腰省大与侧缝线收腰量相同。

（5）画前身。在前衣身原型基础上,前领口深加大 8cm,前领口宽加大 3cm,画顺鸡心领领口弧线;按后小肩尺寸截取前小肩的尺寸,袖窿深减小 1.5cm,重新修顺袖窿曲线;然后把前中线由腰节线向下延长 60cm 为裙长尺寸,按腰长 18cm 画臀围线,在腰围线上取前腰围大为 W/4+1.5cm（放松量）,在臀围线上取前臀围尺寸为 H/4+1.5cm（放松量）,连接胸围定点和臀围定点与腰节线相交,作为侧缝辅助线。该线至腰围定点的 1/2 处为侧缝线收腰点。另外,为了下肢正常运动需增加裙摆量,取臀围线下 10cm 处增加 1cm,顺延侧缝线,并使裙摆在侧缝处翘起 1cm 并与侧缝线成直角。腰省大与侧缝线收腰量相同。腰省尖距 BP 点 3cm。最后以 BP 点为中心,把腋下省转移至肩点向下量 12cm 袖窿处,袖窿省省尖距 BP 点 3cm,如图 3-12 所示。由于前身胸凸省需要转移至袖窿处,需要更为仔细斟酌省量对胸部造型的影响,也可以在开始前身制图时,使用原型先将腋下省转移至袖窿处再进行前身制图。

（6）画贴边。由于此款连衣裙无领无袖,且肩宽较窄,因此,把领口贴边和袖窿贴边一起配置。

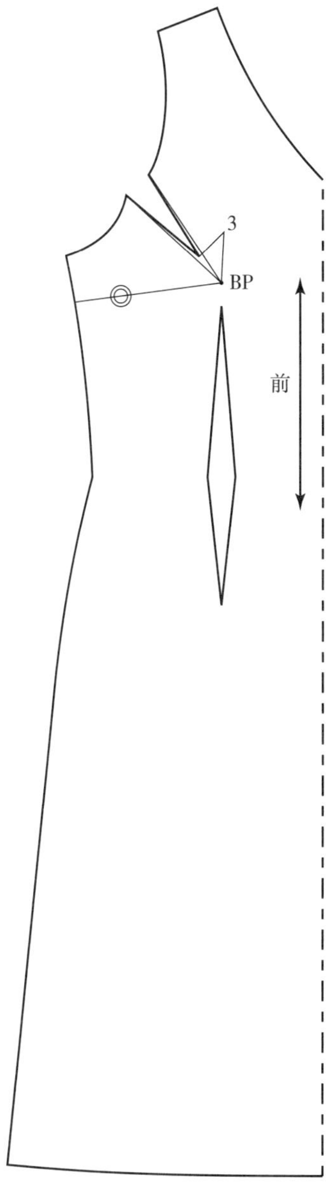

# 第三节　成衣板型结构分析

由于连衣裙是上衣和裙子连接在一起的服装品种,其板型设计一方面必然要遵循上衣和裙子的设计原理;另一方面,由于连衣裙款式变化十分丰富,又有其自身的设计规律,其板型结构数值的处理具有较高的技术含量。

图3-12　无腰线连衣裙前身

## 一、领子结构

### 1. 增大领口

一般对于无领的款式来说,增大领口最简单的方式就是设计开口,如果服装套头穿用,而又不做其他开口设计时,领口线周长应按人体的头围尺寸加上一定的放松量(一般3cm以上,弹性面料除外)。同时,当领口开得较大,前领线往往已处于人体锁骨的下面,为防止前领口线处荡开而出现多余的量,套头式领线领其后领口宽要大于前领口宽0.5～1cm,使前领口带紧,保持领口部位的平衡、合体状态,如图3-13所示。

### 2. 领口与贴边长度配比

领口部位的工艺形式有滚条、压条、贴边三种,其中滚条、压条工艺适合圆弧形领口,贴边工艺适合大部分领口。当采用滚条、压条工艺时,滚条、压条的板型均可采用45度斜裁,宽度取滚边宽度的4倍或压边宽度的2～3倍,长度略小于领口弧线长度,一般根据面料弹性取领口弧线长度的95%～100%即可(图3-14);而采用贴边工艺时,当领口开的比较大时,仅按领口形状配置贴边,还不能达到平服、合体效果,应将贴边的里口(前、后中线处)去除 0.5 ～ 0.7cm,缝制后,既能满足领围线的"里外匀"工艺要求的需要,又能取得前、后领口平衡、合体的效果。所以,合理配制领口贴边也是保证领口平服、合体的关键(图 3-15 )。

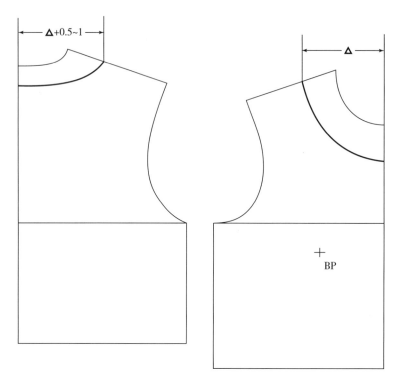

图3-13　套头式前、后领口宽的搭配

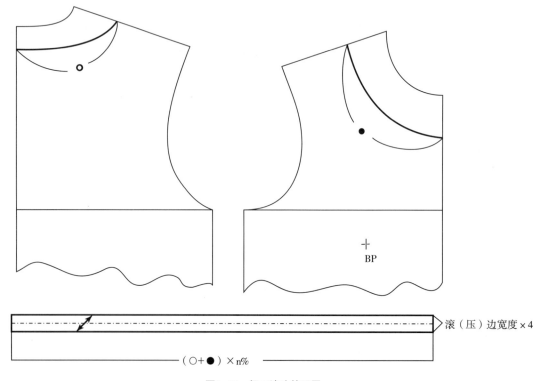

图3-14　领口滚边的配置

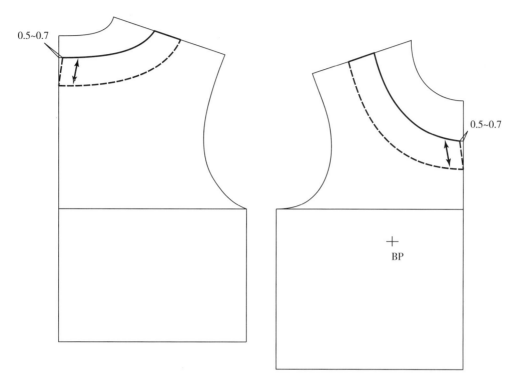

图3-15 领口贴边的配置

## 二、袖子结构

### 1. 袖山高

袖山高是决定袖子肥瘦及活动度的重要因素,当袖山高增加时,袖肥变小,此类袖子瘦而合体,上举活动量较小,美观性较好(袖肥尺寸的内限取值应为臂围的尺寸);反之,当袖山高降低,则袖肥变大,此类袖子宽松而舒适,活动量较大,且当袖山高为零时,袖肥成最大值(图 3-16 )。

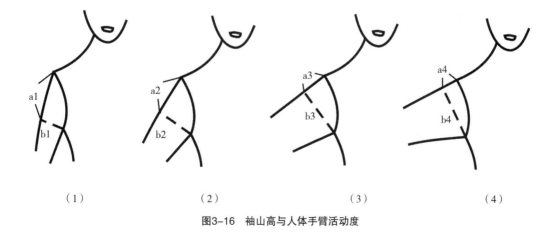

（1）　　　　　　（2）　　　　　　（3）　　　　　　（4）

图3-16 袖山高与人体手臂活动度

### 2. 袖窿深

基于手臂活动功能的考虑,当采用降低袖山高度设计较宽松的袖子时,袖窿开度应较深、而宽度小,呈窄长形态,整体上是远离人体基本结构,达到活动、舒适和宽松的综合效果。相反,如果袖山高降低,袖窿仍采用基本袖窿深度,当手臂下垂时,腋下会聚集很多余量而产生不适感。因此,袖山高很低的宽松袖型应和袖窿开深度大的细长形袖窿相匹配,如图3-17所示。

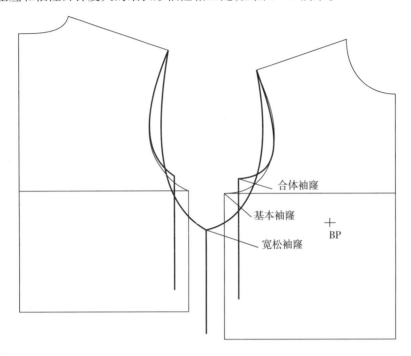

合体袖窿
基本袖窿
宽松袖窿
BP

**图3-17　袖窿开深度**

### 3. 袖山吃势

无论何种袖子,都必须考虑袖子与衣身的缝合对位以及如何符合人体手臂形状,并与服装整体的款式风格达到统一、协调。袖窿弧线的形状与尺寸是根据人体手臂根部的纵截面形状及尺寸,再加一定的松份得来的。为了使袖子能在袖山处圆顺且饱满地包住上臂的厚度和肩头部位的圆势,在袖山头上要有归缩吃势,即袖山弧线的长度大于袖窿弧线的长度。袖山弧线的斜度决定着袖子与衣身的角度,袖山吃势决定着服装肩部的造型。

袖山吃势总量的大小要依据诸多方面的因素而各有差异。主要是根据服装种类、面料材质而定,表3-9仅供参考。

表3-9　连衣裙不同面料袖山吃势　　　　　　　　　　　　　　　　　　　　　　　单位:cm

| 季　　节 | 面料(材质) | 袖山吃势=袖山弧线长−袖窿弧线长 |
|---|---|---|
| 夏　季 | 薄面料 | 1~3 |
| 春秋季 | 中厚面料 | 2~4 |
| 冬　季 | 厚面料 | 3~5 |

袖山吃势主要用于袖山符合点以上部位(图3-18),前袖山凸起弧线部位是前上臂突出的位置,在这里较大的归缩吃势,既可满足前上臂在此处的圆势,又有了活动的松量;同样在后袖山平缓的弧

线部位较小的归缩吃势,既可以适应后上臂的圆势,又可满足手臂的活动松量。

袖山吃势分配如图3-19所示。设前后身袖窿弧线的肩端点为SP点,前后侧缝分界点为A点,前身符合点为B点,后身符合点为C点;设袖山头的袖山顶点为SP′点,前后袖缝分界点为A′点,前袖符合点为B′点,后袖符合点为C′点;那么A′~B=A~B+7%总吃势,B′~SP′=B~SP+40%总吃势,SP′~C′=SP~C+45%总吃势,C′~A′=C~A+8%总吃势。

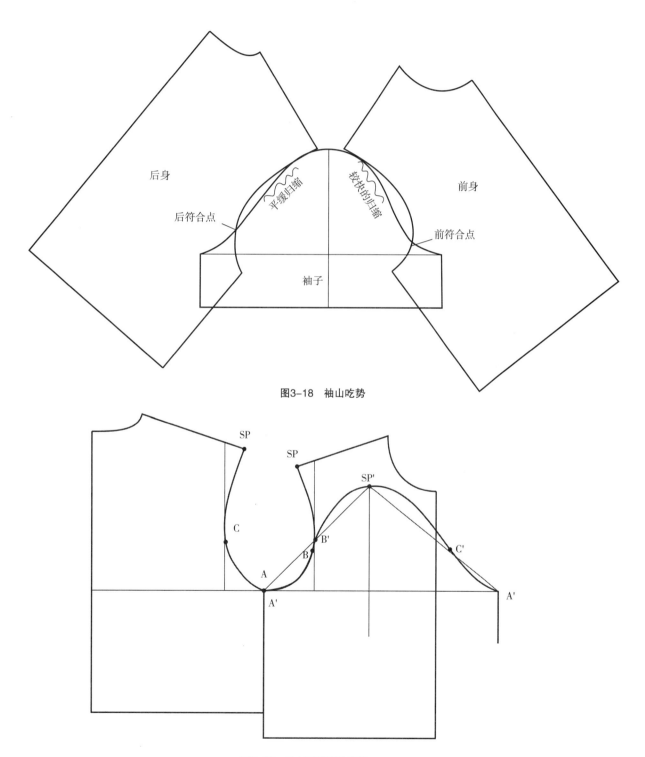

图3-18 袖山吃势

图3-19 袖山吃势量的分配

### 三、省缝结构

　　服装上收省是使平面的布料适合复杂的人体曲面的重要手段,是女装设计的重点。连衣裙板型中的省包括胸省、肩胛省、腰省、臀省和肘省等,为了达到合身的效果,省量要确定其最大限度的用量,省位要依据人体凹凸位置和设计需要而定。

　　对应不同特征的凸点,省的特征也各不相同。以女装原型为例,胸凸明显,位置确定,所以胸省的省尖位置明确,省量较大。肩胛凸起面积大,无明显高点。腹凸和臀凸沿人体的围度呈带状均匀分布,位置不确定,所以裙子的腰省和臀省的设计较为灵活,省的数量、省尖指向、省的位置等都可按需要进行调整。

#### 1. 省的转移

　　由于服装的省缝是针对人体凸点而设计的,那么,只要省尖的方向指向人体凸点,省缝的位置可以根据设计需要转移其他位置或者合入结构线中。从服装样板轮廓线上的任意一点画省缝线或结构线(可以是直线或曲线)经过原来的省尖点,然后沿着新的省缝线剪开纸样,再将原来的省缝两边合并拼接,便形成省缝转移后的样板,从而形成不同的款式,并保持合体程度不变。如图3-20所示,将腋下省转移成为肩省,如图3-21所示,将胸省转移至公主线。

　　理论上胸省的作用点为胸点,但人体胸部的形态类似球面而非锥面,故而在实际运用中省尖应指向胸点,但需要离开胸点2～5cm,以求美观文雅。腋下省为了达到隐蔽的效果,一般仅超出胸宽线2.5～3cm,如图3-22所示。

#### 2. 省褶转换

　　省的另一种处理方式是将其转移到作褶的位置,视打开的省量为展开的褶量,在该位置缩缝成褶。这种处理既具有省的功能,增大了服装的局部松度,还有立体的装饰效果,富有动感,丰富了服装的肌理表现(图3-23)。在女装板型褶的设计中,经常是把省道转移和增加褶量这两种方法结合使用,来达到设计效果和要求,如图3-24所示。

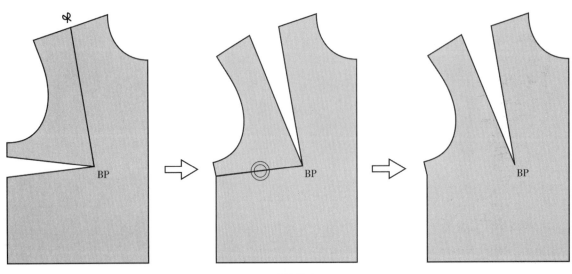

图3-20　省缝转移

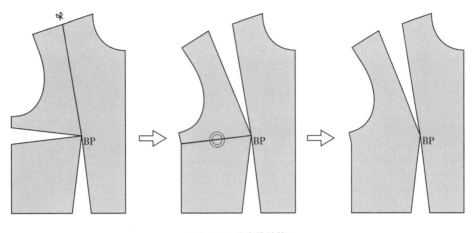

图3-21　公主线结构

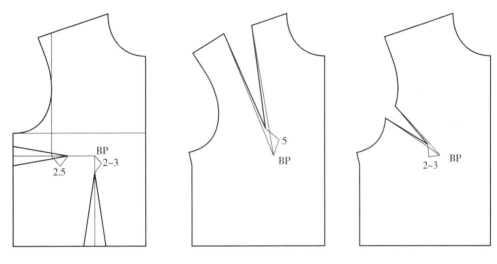

图3-22　省尖的位置

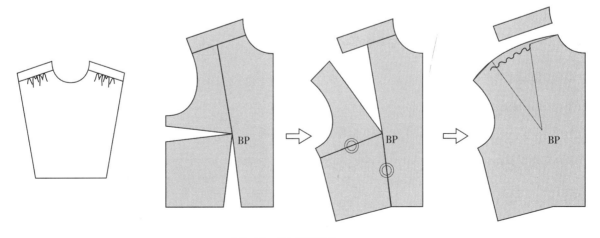

图3-23　省与褶的转化

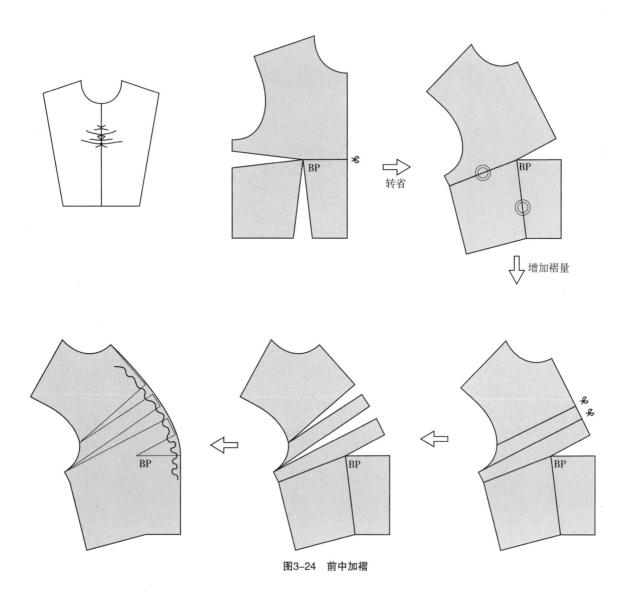

图3-24 前中加褶

## 四、裙摆结构

### 1. 裙摆围度的变化

裙摆的设计要兼顾功能性和造型性两方面。一方面,任何服装款式首先要满足于功能性的要求,裙摆围度的大小直接影响穿着者行走时的方便与否,表3-10是人体正常行走尺度,可供参考。实验证明,最小摆围的设计应以臀围线为基数,在臀围线以下,裙长每增加10cm,每四分之一片的侧缝处下摆要扩展1～1.5cm。由此可见,摆围的大小是与裙长成正比的。另一方面,如果出于对造型的考虑,而使摆围较小时,则需同时设计褶裥或开衩,以补充其运动量的不足。 这也正是多数的紧身裙型的下摆设有开衩的原因。

表3-10　人体正常行走尺度　　　　　　　　　　　　　　　　　单位：cm

| 动　作 | 距　离 | 两膝围度 | 作用点 |
|---|---|---|---|
| 一般步行 | 65（足距） | 82~109 | 裙摆松度 |
| 大步行走 | 73（足距） | 90~112 | 裙摆松度 |
| 一般登高 | 20（足至地面） | 98~114 | 裙摆松度 |
| 两级台阶登高 | 40（足至地面） | 126~128 | 裙摆松度 |

（1）有腰线连衣裙增大裙摆的方法

有腰线连衣裙增加裙摆的方法是，使加放量均匀分布在裙摆。裙子样板沿围度方向均匀的分成几等分（裙摆越大，等分数越多），沿等分线剪开样板后再展开，展开增加的设计量加上原有臀围尺寸就是裙摆的大小（图3-25）。这种先剪开样板、再展开来增加余量的设计方法也称为切展法，样板的展开可以是平移展开或旋转展开，是板型设计的常用方法。

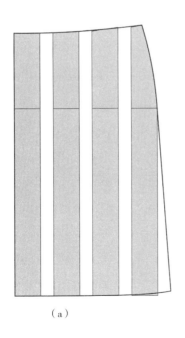 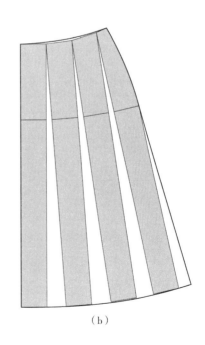

（a）　　　　　　　　　　　　　　　　　　　（b）

图3-25　平移展开和旋转展开

（2）无腰线连衣裙增大裙摆的方法

a. 采用增设纵向分割线同时加大下摆围度的方法。裙摆增量的分配规律是：侧缝最大，其中后侧缝大于等于前侧缝，前后分割缝次之，前后中缝为零。

采用此种方法时，裙摆的增大对臀围松量的影响取决于裙摆下爹起始点的位置。当下爹起始点在腰围线和臀围线之间时，臀围的放松量随着裙摆的增大而增大；当下爹起始点正好在臀围线上或在臀围线之下时，裙摆的增大不会影响臀围的放松量。裙摆起翘量应随着裙摆的增大而加大，如图3-26所示。

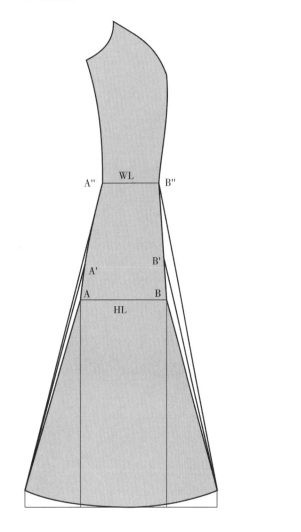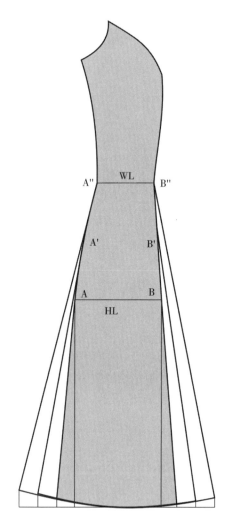

图3-26　无腰线连衣裙裙摆增量方法

b. 增设局部分割线的方法

增设局部分割线的方法是指，通过在局部设计分割线，把某一局部从无腰线连衣裙的整体衣片中分离出来，再通过平移或旋转展开的方法进行裙摆设计量的增加。分割线的设计灵活多样，结合分割线的造型和装饰功能，可以采用纵向、横向、斜向等多种组合形式的分割线，运用此种方法既可以大大丰富增大裙摆设计量的手段，又可以丰富连衣裙的款式变化（图3-27～图3-30）。

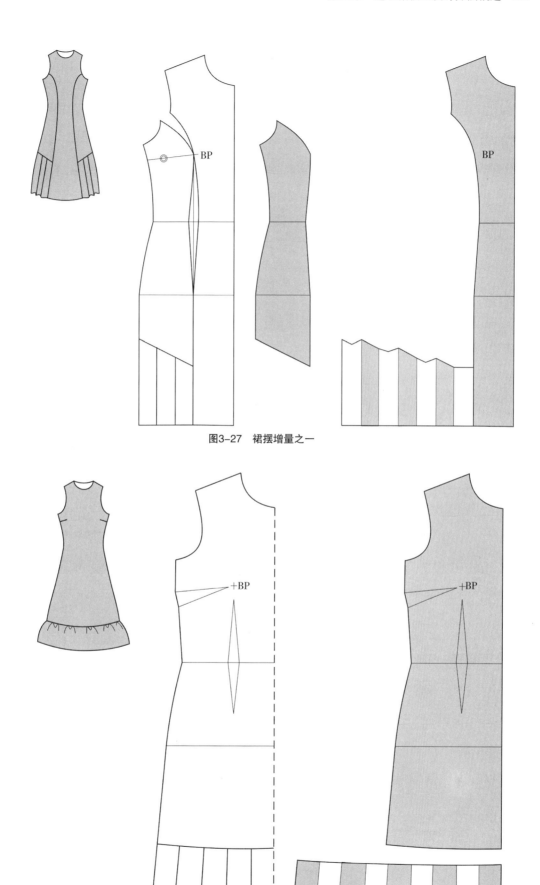

图3-27　裙摆增量之一

图3-28　裙摆增量之二

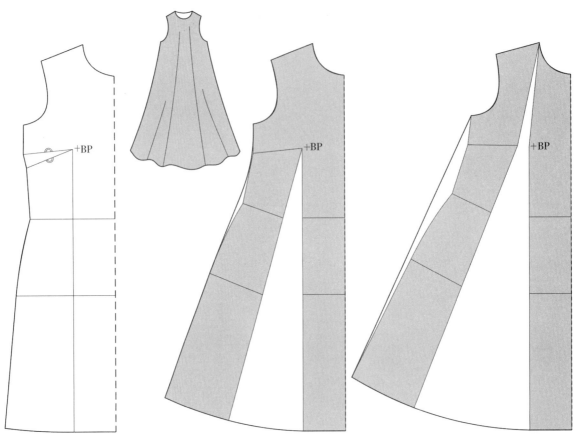

图3-29    裙摆增量之三

图3-30    裙摆增量之四

**思考题：**

1. 领线领前后领口宽度有何关系？设计时需注意哪些方面？
2. 举例说明连衣裙板型设计中，省与褶是如何转换的？
3. 举例说明连衣裙板型设计中，省与分割线是如何转换的？
4. 分析连衣裙板型设计中，腰线与衣身结构线设计和变化的关系。
5. 在连衣裙板型设计中，比例法和原型法各自的特点是什么？适用的范围有何异同？
6. 分别用比例法和原型法设计连衣裙基本款式的板型。

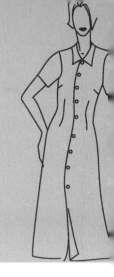

# 第四章
# 连衣裙板型设计

在服装生产企业,生产任务往往源于新产品开发或市场消费者的需求,客户所提供条件的不同,连衣裙板型设计的方式和程序也各有所别通常可以概括为四种:按效果图或成衣照片制版,按订单制版,按样衣制版,按订单和样衣制版。

## 第一节　按效果图或成衣照片制版

服装效果图或成衣照片都是对服装款式的描述。其中,服装效果图是设计师对自己所设计服装预期效果的描述,成衣照片是服装制成效果的真实体现。服装效果图可以分为平面款式图和着装效果图两类,着装效果图又可分为注重写实性和注重艺术表现两种不同的风格。

### 一、款式描述与结构分析

根据服装效果图或成衣照片制版,必须准确分析和理解服装的款式、风格和服装的整体结构、细节处理以及工艺特点等,这是准确制版并达到预期造型的前提和基础,因此,板师与设计师及时沟通十分重要。同时,产品的加工工艺和加工方法与制版也有着直接的关系,因为不同的工艺有不同的要求,如不同的缝型会影响到缝份、折边等放量的大小,这些工艺要求均需在制版前一一了解并掌握,以便作出相应的处理。

表4-1为无袖刀背缝分割线连衣裙产品试制通知书。由表中效果图可以判断出,此款连衣裙是以无腰线基本款连衣裙为基础,前后衣身作刀背缝造型,将腋下省转移至袖窿处,并与腰省贯通设计为分割线,取纵向分割线以突出胸部到腰部的曲线,是一种青春活泼的样式。裙长至膝盖,腰部收腰,下摆略放出,整体较合身。这种结构主要用于放宽衣裙下摆和外套下摆的样式,以充分显示身体的轮廓特征。前衣身片分割为前大身片和前侧身片,后衣身片分割为后大身片和后侧身片。领子为立领的变化款式,采用松颈型立领结构,斜丝裁剪,领宽加宽并向下翻折,后领中为破缝与后中缝贯通并装拉链。

### 二、制定服装规格及部件尺寸

在结构分析的基础上,根据产品的销售对象及具体销售区域确定号型系列。在此,按产品试制通知书要求,以160/84A作为中间号规格进行母板的板型设计。从服装号型表中得知中间

## 表4-1 无袖刀背缝分割线连衣裙产品试制通知书

**产品试制通知书**

| 单位名称： | | | | | 设计： | |
| --- | --- | --- | --- | --- | --- | --- |
| 产品名称： 无袖刀背缝分割线连衣裙 | | | | | 审核： | |
| 产品编号： | | | | | 下单日期： | |
| 产品号型规格:160/84A 5·4系列 | | | | | 完成日期： | |

| 规格<br>部位 | XS | S | M | L | XL | | 档差 |
| --- | --- | --- | --- | --- | --- | --- | --- |
| | 150/76 | 155/80 | 160/84 | 165/88 | 170/92 | | |
| 裙 长 | | | | | | | |
| 胸 围 | | | | | | | |
| 腰 围 | | | | | | | |
| 臀 围 | | | | | | | |
| 肩 围 | | | | | | | |
| | | | | | | | |
| | | | | | | | |
| 备注 | 规格数据以 cm 为单位,以5·4系列 160/84A 制版。 | | | | | | |

服装效果图：

面辅料使用说明：
面料:混纺丝织物
82%柞蚕丝、18%黏胶纤维
辅料:无纺黏合衬、拉链

缝制工艺要求：
后身中缝装拉链

商标、包装说明：
洗涤标缝订位置:衬里腰节线下10cm
包装:挂式提袋包装

备注：

体 160/84A 号型的人体控制部位数据：身高 160cm、颈椎点高 136cm、全臂长 50.5cm、腰围高 98cm、胸围 84cm、腰围 68cm、肩宽 39.4cm、臀围 90cm、颈围 33.6cm，背长 = 颈椎点高 − 腰围高 = 38cm。其中由效果图可以判断此款连衣裙属收腰合体型，长度在膝部以上，由于无袖，故肩宽略收窄。对比号型标准中的人体控制部位数据，设计该连衣裙的规格时，在胸围、腰围、臀围分别加放松量，肩宽数值适当减小，裙长在背长基础上追加长度，各部位的设计量和连衣裙成衣规格见表 4-2。

表4-2　无袖刀背缝分割线连衣裙成衣规格表　　　　　　　　　　　　　　单位：cm

| 号 / 型 | 部位名称 | 裙长 | 胸围 | 腰围 | 臀围 | 肩宽 |
|---|---|---|---|---|---|---|
| 160/84A | 部位代号 | L | B | W | H | S |
| | 人体数据 | 38 | 84 | 68 | 90 | 39.4 |
| | 加放松量 | +50 | +8 | +6 | +6 | −2 |
| | 成衣尺寸 | 88 | 92 | 74 | 96 | 37.4 |

注：裙长（后中长）=背长+加放尺寸。

## 三、板型设计

采用原型法与比例法相结合的方法进行母板的板型设计。上身利用原型绘制，并且把腋下省转移至刀背分割缝中；由于此款连衣裙为无腰线结构，因此，裙子可以在上身基础上利用比例法直接绘制。

### （一）绘制原型

根据已经确定的成品规格尺寸表，需绘制号型为 160/84A 的衣身原型，其中净胸围 84cm，背长 38cm。

### （二）利用原型结合比例法绘制连衣裙板型（图 4-1）

1. 确定裙长。该款式根据效果图判断，裙摆在人体膝盖上下，取腰节线下 50cm 为裙长。

2. 确定胸围尺寸。合体连衣裙的胸围放松量一般在 6～10cm，该款式系无袖，取 8cm。因为在原型中已包含基本放松量 12cm，因此需要减少 4cm，在前后侧缝线各减少 1cm。

3. 确定腰围尺寸。合体连衣裙的腰围放松量一般在 6～8cm，该款式取 6cm，前后腰围尺寸各为 W/4+1.5cm（放松量）+2.5cm（省量）。

4. 确定臀围尺寸。合体连衣裙的臀围放松量一般在 4～6cm，该款式取 6cm，前后臀围尺寸各为 H/4+1.5cm（放松量）。

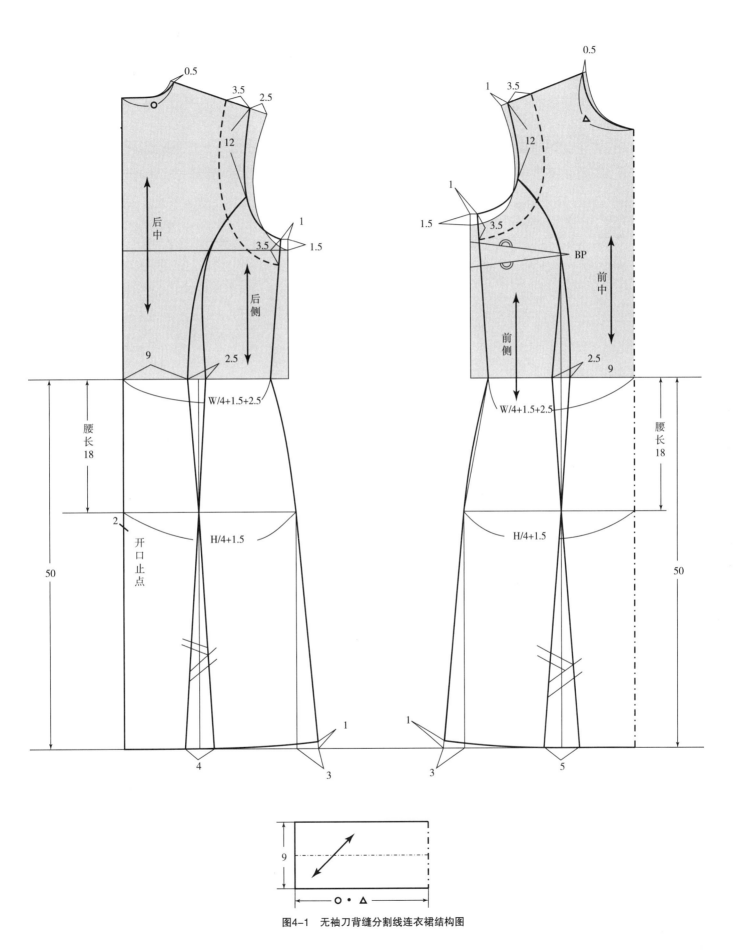

图4-1　无袖刀背缝分割线连衣裙结构图

5. 画后裙片。从后侧颈点向里 0.5cm 增加领口宽尺寸,画出后领口弧线,并用○表示后领口弧线长度。从原型肩点向里进 2.5cm,画出小肩线。在原型衣片袖窿深线上向里进 1cm 并抬高 1.5cm,重新画顺后袖窿弧线。在底边线上取下夸尺寸 3cm,起翘 1cm,连接腰围点和臀围点画顺侧缝线和底边线。

6. 设计后片分割线。在腰围线上从后中线向内量取 9cm 为腰省点,再向内量取 2.5cm 为腰省宽;在腰省宽的 1/2 处作一条垂直辅助线,在裙底边线上以辅助线为中点分别向两边各量取 2cm;在袖窿弧线上从肩点下量取 12cm 确定一点;然后依次连接腰省定点和下摆定点,完成后片裙中片和裙侧片的制图。注意分割线在臀围线处重合,在裙摆处交叉。

7. 画前裙片。从前侧颈点向里 0.5cm 增加领口宽尺寸,画出前领口弧线,并用△表示前领口弧线长度;从原型肩点向里进 1cm,画出小肩线。在原型衣片袖窿深线上向里进 1cm 并抬高 1.5cm,重新画顺前袖窿弧线。在底边线上取下夸尺寸 3cm,起翘 1cm,连接腰围点和臀围点画顺侧缝线和底边线。

8. 设计前片分割线。在腰围线上从前中线向内量取 9cm 为腰省点,再向内量取 2.5cm 为腰省宽,在腰省宽的 1/2 处画一条垂直辅助线,在裙底边线上以辅助线为中点分别向两边各量取 2.5cm,在前袖窿弧线上从肩点向下 12cm 确定一点,然后依次连接腰省定点和下摆定点,完成前裙中片和前裙侧片的制图。注意分割线在臀围线处重合,在裙摆处交叉。

9. 设计领片。先画出长方形基准线,领长为○ + △的长度,领子宽度 9cm。为了使领子卷下自然柔和,采用斜丝裁剪。

# 第二节　按订单制版

## 一、审核订单及生产通知单

订单及生产通知单是成品生产和验货的依据,制版时应在认真审核订单及生产通知单的前提下,严格按照订单要求进行板型设计,如有疑问应及时与客户沟通,并且要在生产过程中认真贯彻执行。

表 4-3 是一款长袖束腰连衣裙的订单,表 4-4 和表 4-5 是该连衣裙的生产通知单。

### 1. 确认面、辅材料

了解并确认面料、里料、辅料的具体使用情况以及是否客供。包括确认面料和里料的品种、成分、克重、颜色、缩水率、热缩率、倒顺毛及对格对条等面料属性;确认拉链、纽扣、商标等辅料的使用要求、应用范围、应用位置等。

在订单生产中,有些客户只提出用料要求,而不提供原材料及小样,则须根据客户对产品的要求进行选择面料和辅料,制成样衣后必须经过客户确认同意,方可正式使用。在实际生产中,也有一些客户只提供主要的面料和里料,其他的各种辅料则需要按客户要求进行选择,制成样衣后同样必须经过客户确认同意,方可正式使用。

表4-3 长袖连衣裙订单

订购合同(订货单)

甲方(供方):_____　　　　合同编号:_____

乙方(需方):_____　　　　签订时间:_____

货品名称:__长袖连衣裙_____　　交货日期:_____

款号:_____　　　　商标:_____

面料:_棉麻混纺织物（45%棉、55%麻）_____　　厚度:_____

处理方式:□面料　　　□成衣

处理程度:□预缩　　　□水洗　　　□轻砂洗　　　□中砂洗　　　□重砂洗

尺码颜色搭配数量(件):

| 颜　色 | 尺　码 | | | | | 单　价 | 总　额 |
|---|---|---|---|---|---|---|---|
| | S | M | ML | L | XL | | |
| 灰　色 | 210 | 210 | 420 | 420 | 210 | | |
| 粉　色 | 210 | 210 | 420 | 420 | 210 | | |
| 蓝　色 | 210 | 210 | 420 | 420 | 210 | | |
| | | | | | | | |
| 合　计 | 630 | 630 | 1260 | 1260 | 630 | | |

包装方式:□挂衣架立体包装　　□折叠平包装　　□其他包装

包装辅料:□衣架　　□衣架海绵　　□尺码夹　　□尺码贴　　□塑料袋　　□安全扣　　□吊牌　　□条形码

运输方式:□海运　　□空运　　□海空联运

装运日期:

……

备注:本合同一式两份,甲、乙双方各执一份。

甲方:***制衣公司　　　　　　　　　　乙方:***公司

地址:　　　　　　　　　　　　　　　　地址:

联系方式:TEL 电话:　　　　　　　　　联系方式:TEL 电话:

　　　　FAX 传真:　　　　　　　　　　　　FAX 传真:

　　　　E-mail:　　　　　　　　　　　　　E-mail:

联系人:(签字、盖章)　　　　　　　　　联系人:(签字、盖章)

表4-4  长袖连衣裙生产通知单

| 生产通知单（一） | | | | | | |
|---|---|---|---|---|---|---|
| 合约： | | | 数量： | | | |
| 产品名称：长袖连衣裙 | 款号： | | 交货日期： | | 发单日期： | |
| 尺码 / 颜色 | S | M | ML | L | XL | 合　计 |
| | 150/76A | 155/80A | 160/84A | 165/88A | 170/92A | |
| 灰　色 | 210 | 210 | 420 | 420 | 210 | 1470 |
| 粉　色 | 210 | 210 | 420 | 420 | 210 | 1470 |
| 蓝　色 | 210 | 210 | 420 | 420 | 210 | 1470 |
| | | | | | | |
| 合　计 | 630 | 630 | 1260 | 1260 | 630 | 4410 |

生产图样：

面料：棉麻混纺织物
成分：45%棉、55%麻

衬：无纺黏合衬

纽扣：直径1.6cm×10个/件

腰带装饰扣：1个/件

垫肩：无

线：690#

表4-5 长袖连衣裙生产通知单（续）

| 生产通知单(二) | | | | | |
|---|---|---|---|---|---|
| 合约: | | | 数量: | | |
| 产品名称：长袖连衣裙 | 款号: | | 交货日期: | | 发单日期: |
| 尺码<br>部位 | S<br>150/76A | M<br>155/80A | ML<br>160/84A | L<br>165/88A | XL<br>170/92A |
| 后中长 | 92 | 95 | 98 | 101 | 104 |
| 胸　围 | 86 | 90 | 94 | 98 | 102 |
| 腰　围 | 68 | 72 | 76 | 80 | 84 |
| 臀　围 | 90.8 | 94.4 | 98 | 101.6 | 105.2 |
| 肩　宽 | 37.4 | 38.4 | 39.4 | 40.4 | 41.4 |
| 袖　长 | 49 | 50.5 | 52 | 53.5 | 55 |
| 袖　口 | 19/6 | 19.5/6 | 20/6 | 20.5/6 | 21/6 |
| 领　大 | 35.4 | 36.2 | 37 | 37.8 | 38.6 |

工艺要求

落衬部位：领子、袖头、前门贴边、腰带；
缝份：1cm；
针距：2.5cm内14针；
商标：缝于后领口中间，两头缉死；
水洗标与成分标：缝于左侧缝，在底边上10cm处。

生产图样：

面料：棉麻混纺织物
成分：45% 棉、55% 麻

衬：无纺黏合衬

纽扣：直径1.6cm×10个／件

腰带装饰扣：1个／件

垫肩：无

线：690#

### 2.款式描述与结构分析

生产通知单上通常会提供客户所需的服装成品外形款式图,并配有相关文字说明。板师制版前应认真分析理解服装的款式造型特征、结构特征以及所采用的工艺特点。分析包括正面和里面在内的结构特征,如各部位的轮廓线、结构线、装饰线的位置和造型,以及零部件的设计要求等。

本例由生产通知单中的款式图可以看出,此款连衣裙为一款长袖束腰连衣裙,关门领,前开门十粒扣,四片身结构,前身有腋下省和腰省,后身有肩省和腰省,腰部系腰带,一片袖,紧袖口。

### 3.了解工艺要求

板师制版前,除了进行款式和结构分析外,还应认真审核生产通知单中有关裁剪、缝制、整烫、锁眼钉扣等主要的工艺要求,确定相应的加工工艺、加工方法和加工设备的型号,并据此制版。因为相同的款式结构,不同的缝份、缝型等工艺要求,都会对板型产生影响。

### 4.核定成衣规格与部件尺寸

成衣规格与部件尺寸一般是由客户设计,并在订单或生产通知单中提供,通常情况下,在经过认真审核,了解测量位置及测量方法的前提下,可以直接根据生产通知单中的规格尺寸要求制定规格尺寸表,如在审核过程中发现不合理的规格设计,可以根据产品的销售对象、具体销售区域及号型系列控制部位数值作出调整和补充,并且及时与客户进行沟通,必须经书面确认后,方可进行制版工作。表4-6为此款长袖连衣裙规格尺寸表。

表4-6　长袖连衣裙规格尺寸　　　　　　　　　　　　　　单位:cm

| 尺码 \ 部位 | S | M | ML | L | XL |
|---|---|---|---|---|---|
| | 150/76A | 155/80A | 160/84A | 165/88A | 170/92A |
| 后中长 | 92 | 95 | 98 | 101 | 104 |
| 胸　围 | 86 | 90 | 94 | 98 | 102 |
| 腰　围 | 68 | 72 | 76 | 80 | 84 |
| 臀　围 | 90.8 | 94.4 | 98 | 101.6 | 105.2 |
| 肩　宽 | 37.4 | 38.4 | 39.4 | 40.4 | 41.4 |
| 袖　长 | 49 | 50.5 | 52 | 53.5 | 55 |
| 袖　口 | 19/6 | 19.5/6 | 20/6 | 20.5/6 | 21/6 |
| 领　大 | 35.4 | 36.2 | 37 | 37.8 | 38.6 |

## 二、板型设计

由于此款连衣裙为有腰线结构,且腰线在正常腰位的连衣裙,故采用原型法与比例法相结合的方法进行母板的板型设计。上身利用原型绘制,裙子可以利用比例法直接绘制。

### (一)绘制原型

根据已经确定的成品规格尺寸表,需绘制 ML 号型为 160/84A 的原型,其中净胸围 84cm,背长 38cm。

### (二)利用原型绘制上身、袖子和领子(图 4-2,图 4-3)

(注:B'—胸围成衣尺寸,W'—腰围成衣尺寸,H'—臀围成衣尺寸)

1. 确定胸围尺寸。该款式连衣裙系装袖,胸围放松量取 10cm,因为在原型中已包含基本放松量 12cm,因此需要减少 2cm,在前后侧缝线各减少 0.5cm。

2. 确定腰围尺寸。前后腰围尺寸各为 W'/4+2.5cm(省量)。

3. 确定臀围尺寸。前后臀围尺寸各为 H'/4。

4. 画后身片。在原型衣片袖窿深线上向里进 0.5cm,重新画顺后袖窿弧线,在腰围线上取 W'/4+2.5cm(省量),连接腰围点和胸围点画顺侧缝线,最后画腰省。后领弧线用○表示后领口弧线长度。

5. 画前衣身。在前衣身原型基础上,前领口深加大 1cm,重新修顺领口弧线;袖窿深线上向里进 0.5cm,重新修顺袖窿曲线;以 BP 点为中心,把腋下省转移至袖窿深线以下 6～7cm 处,腋下省省尖距 BP 点 3.5cm;然后在腰围上取 W'/4+2.5cm(省量),连接侧缝线,最后画腰省,腰省大 2.5cm,腰省尖距 BP 点 2cm。用△表示前领口弧线长度。从前中线加 2cm 搭门量,画前止口线。

6. 设计领子。先画出长方形基础线,领长为○+△的长度,领子宽度 7cm,领尖 3cm,领底口起翘 2.5cm。

7. 画袖子。在原型袖子的基础上,袖长减去袖头的宽度,再加上 1cm 作为松量,在袖山高线上袖肥两端各减小 0.5cm,在肘线上向里凹进 1cm,重新画顺前后袖缝线。袖开口位于后袖口肥的 1/2 处,长 5cm。

8. 画袖头。袖头长按袖口尺寸加上搭头 2.6cm,宽 6cm。

9. 画腰带。腰带长度按腰围尺寸加上 20cm,宽 3cm。

10. 画过面。距前止口线宽度 7cm。

### (三)用比例法直接绘制裙子的结构图

1. 画后裙片。由后中长尺寸 98cm– 背长 38cm=60cm,取腰节线下 60cm 为裙长,臀高 18cm(根据人体身高取定数 17cm,18cm,19cm,即身高 160cm～170cm,臀高取 18cm;身高 160cm 以下,臀高取 17cm;身高 170cm 以上,臀高取 19cm)。在臀围线上取后臀围大为 H'/4。在腰围线上取后腰围大为 W'/4+2.5cm(省量)。腰缝线在后中心线处下落 1cm,在侧缝线处起翘 0.7cm。为了达到上衣和下裙接缝的吻合,裙子省缝和上衣腰省缝位置相同,省长 12cm。另外,为了下肢正常运动需增加裙摆量,裙摆线向侧缝外移 3cm,下摆翘起 1cm 与侧缝线成直角。

2. 画前裙片。取裙长 60cm,臀高 18cm。在臀围线上取前臀围大为 H'/4。在腰围线上取前腰围大为 W'/4+2.5cm(省量),腰缝线在侧缝线处起翘 0.7cm。为了达到上衣和下裙接缝的吻合,裙子省缝和上衣腰省缝位置相同,省长 11cm。最后作下摆下多量和翘度同后裙片。搭门宽 2cm,过面宽 7cm。

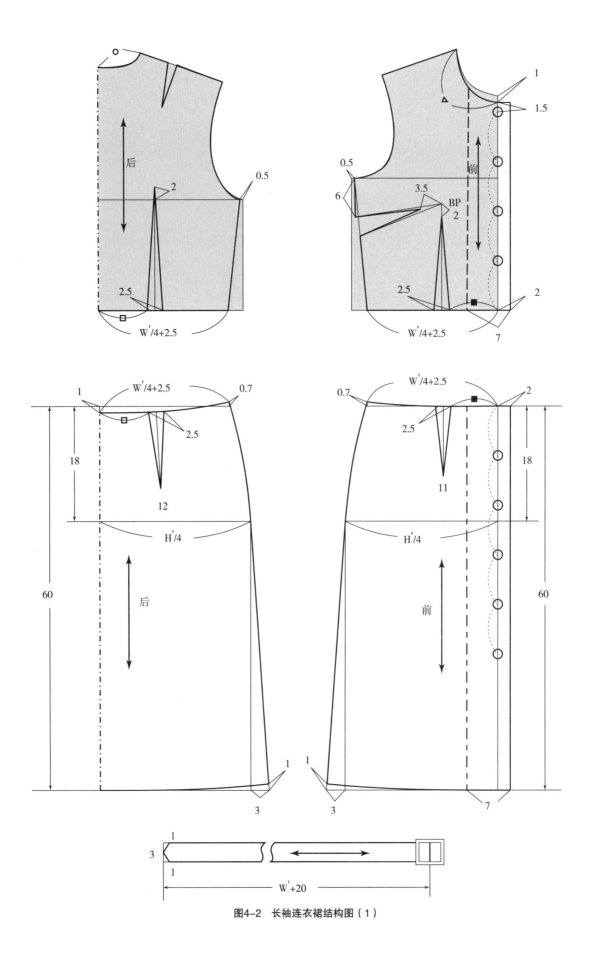

图4-2　长袖连衣裙结构图（1）

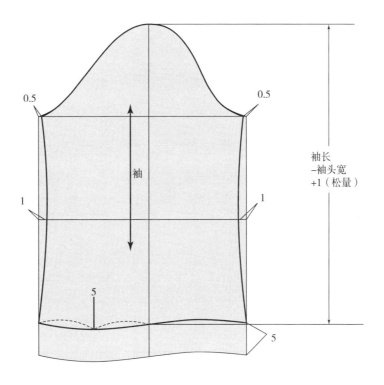

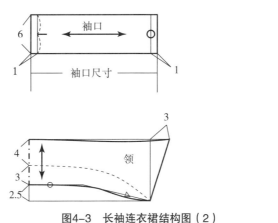

图4-3　长袖连衣裙结构图（2）

# 第三节　按样衣制版

　　根据样衣进行制版是工业制版的又一种形式，属于来样加工型生产模式。按样衣制版又叫拷样（扒样），是由客户提供样衣，承接加工的服装企业按样衣的款式、结构及客户要求进行制版、试制样衣，经客户确认后进行大货生产。

　　下面以一款高腰线连衣裙为例讲解按样衣制版的流程。

## 一、审核订单及生产通知单

　　订单及生产通知单是成品生产和验货的依据，制版时应在认真审核订单及生产通知单的前提下，严格按照订单要求进行板型设计，如有疑问应及时与客户沟通，并且要在生产过程中认真贯彻执行。审核订单的内容要求及过程，可参照第二节按订单制版，这里不再重复赘述。

## 二、分析样衣款式与结构

如图 4-4 所示,按照样衣画出平面款式图的同时,认真分析每条结构线的结构特征,以及生产加工的工艺方法。此款连衣裙的款式特点为高腰线短袖灯笼袖,圆形领口,合身收腰,下摆展开,呈 A 字形造型;结构上是一款高腰线剪接型连衣裙,上身前后各收两个腰省,达到合身的目的,后身中部设一隐形拉链,既美观又可方便穿脱。肩部向里略收窄,以使袖山头膨起,袖口加一个窄的袖头用于收紧袖口,达到灯笼袖的造型效果。

图4-4  高腰线连衣裙款式图

## 三、测量样衣尺寸

准确的测量样衣各部位的尺寸并且做好记录,是按样衣制版的关键环节,也是下一步制定规格尺寸表和制版的依据。测量部位尽可能详细,不仅要测量各个部位的具体规格,以及测量各个部位之间的相对位置,还要对照样品检验各个组合部位尺寸是否吻合。不同款式的连衣裙需测量部位会略有不同,本例连衣裙测量部位如图 4-5 所示,其中胸围尺寸指将连衣裙前衣身向上铺平后,在袖窿深底部水平测量所得数值乘以 2,为准确反映样衣板型,还可以分别测量前胸围(袖窿深线处前中线至侧缝线的距离)和后胸围(袖窿深线处后中线至侧缝线的距离),腰围和臀围的测量采用同样的方法。表 4-7 是测量结果记录,分为主要规格和细部尺寸两部分。

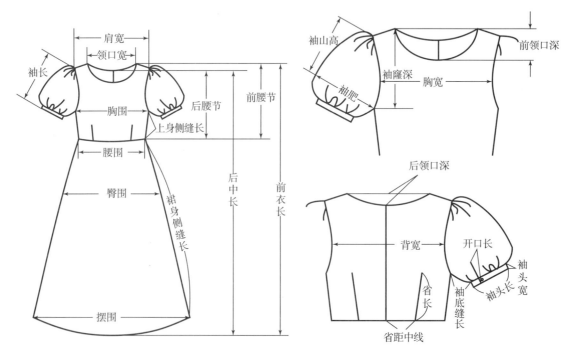

图4-5  高腰线连衣裙测量部位示意图

表4-7　样衣测量结果记录

单位：cm

| 主　要　规　格 | | | | | |
|---|---|---|---|---|---|
| 部位 | 数值 | 部位 | 数值 | 部位 | 数值 |
| 后中长 | 90 | 胸围 | 92 | 臀围 | 98 |
| 前衣长 | 93.5 | 前胸围 | 23 | 前臀围 | 24.5 |
| 后腰节 | 26 | 后胸围 | 23 | 后臀围 | 24.5 |
| 前腰节 | 29.5 | 腰围 | 84 | 摆围 | 114 |
| 肩宽 | 37.4 | 前腰围 | 21 | 前摆围 | 28.5 |
| 袖长 | 18 | 后腰围 | 21 | 后摆围 | 28.5 |
| 细　部　尺　寸 | | | | | |
| 部位 | 数值 | 部位 | 数值 | 部位 | 数值 |
| 前袖窿深 | 18.5 | 胸宽 | 16.3 | 领口宽 | 25 |
| 后袖窿深 | 21 | 背宽 | 17.3 | 前领口深 | 10.5 |
| 袖肥 | 46.5 | 小肩宽 | 5.5 | 后领口深 | 3.2 |
| 袖头长 | 28 | 袖头宽 | 1.5 | 领口贴边宽 | 3.5 |
| 袖山高 | 11.5 | 袖开口长 | 3 | 前腰省长 | 5.5 |
| 袖底缝长 | 3.5 | 后腰省长 | 10.5 | 前腰省距中线 | 8.5 |
| 上身侧缝长 | 8.4 | 裙身侧缝长 | 63.5 | 后腰省距中线 | 8.5 |

注：前后袖窿深、前后腰节长的测量可以确定前后上平线的相对高度位置，上身侧缝长和裙身侧缝长的测量可以校对衣长、袖窿深和裙摆起翘的尺寸，袖底缝长的测量可以校对袖长和袖山高的尺寸。

## 四、确定服装规格及部件尺寸

以测量样衣的结果为依据，选取主要控制部位的数值制定高腰线连衣裙规格尺寸表，见表4-8。

表4-8　高腰线连衣裙规格尺寸表

单位：cm

| 部位名称 | 部位代号 | 成品尺寸 |
|---|---|---|
| 后中长 | L | 90 |
| 前腰节 | | 29.5 |
| 胸　围 | B | 92 |
| 腰　围 | W | 84 |
| 臀　围 | H | 98 |
| 摆　围 | | 114 |
| 肩　宽 | S | 37.4 |

（续表）

| 部位名称 | 部位代号 | 成品尺寸 |
| --- | --- | --- |
| 领口宽 | | 25 |
| 前领口深 | | 10.5 |
| 后领口深 | | 3.2 |
| 袖　长 | SL | 18 |
| 袖　肥 | | 46.5 |
| 袖　头 | | 28×1.5 |

## 五、板型设计（图4-6~图4-7）

按照测量样衣的尺寸进行板型设计，注意制图时数据的量取与测量方法相吻合，并且反复对照样衣检验各相互关联部位尺寸的吻合。

### （一）画后衣身和后裙身

1. 首先确定长度方向的尺寸。按后中长尺寸画后中线，分别由后中线顶点向上取后领口深尺寸画上平线、向下取后腰节长尺寸画高腰的腰节线，由上平线向下量袖窿深尺寸画胸围线，由上平线向下量38cm画正常腰节位置线，由正常腰节线向下量18cm画臀围线。

2. 其次确定围度方向的尺寸。分别按1/2领口宽、1/2肩宽+0.3cm、背宽、后胸围、后腰围、后臀围、后摆围尺寸，确定领口宽线、肩宽线、背宽线、胸围线、腰围线、臀围线和摆围线。

3. 最后确定腰省、画顺轮廓线。按小肩宽尺寸确定肩线，依次画顺后领口弧线、袖窿弧线，侧缝线和裙摆弧线。

### （二）画前衣身和前裙身

1. 首先确定长度方向的尺寸。分别延长后裙身的裙摆线、臀围线、腰围线，按前衣身长尺寸画前中线，再由前中线顶点向下取前领口深、前袖窿深尺寸，画领口深线和胸围线。

2. 其次确定围度方向的尺寸。分别按1/2领口宽−0.3cm、1/2肩宽、胸宽、前胸围、前腰围、前臀围、前摆围尺寸，确定领口宽线、肩宽线、胸宽线、胸围线、腰围线、臀围线和摆围线。

3. 最后确定腰省、画顺轮廓线。按小肩宽尺寸确定肩线，把前后侧缝线的差量先处理为侧省，再依款式要求转移至腰省处，最后依次画顺前领口弧线、袖窿弧线，侧缝线和裙摆弧线（图4-6）。

### （三）画袖子

按袖长尺寸画袖中线，以袖山高和袖肥尺寸为基础画前后袖山斜线后，画顺袖山曲线，按袖底缝长度确定袖口曲线，在后袖口的1/2处画袖开口，最后按袖头的长度、宽度乘以2（连裁）画好袖头。完成高腰连衣裙板型设计（图4-7）。

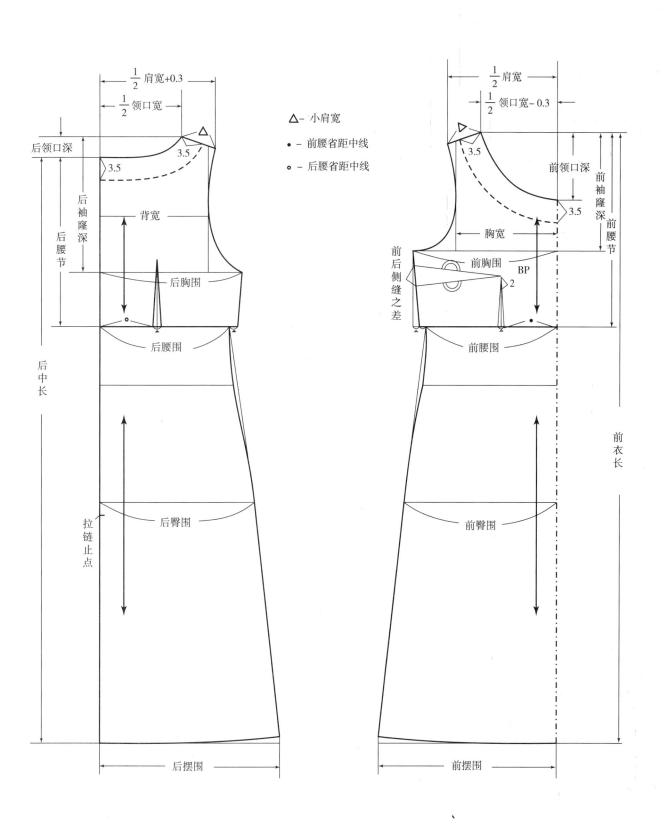

图4-6 高腰连衣裙结构图（1）

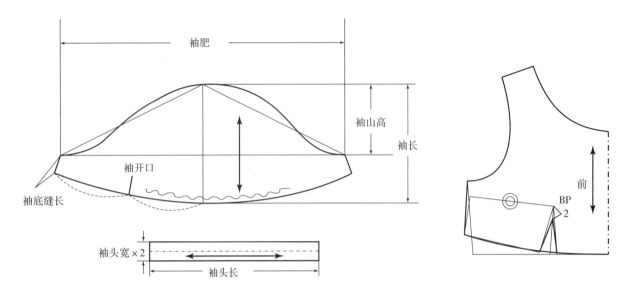

图4-7 高腰连衣裙板型设计图（2）

# 第四节 按订单和样衣制版

## 一、审核订单及生产通知单

订单及生产通知单是成品生产和验货的依据，制版时应在认真审核订单及生产通知单的前提下，严格按照订单要求进行板型设计，如有疑问应及时与客户沟通，并且要在生产过程中认真贯彻执行。

表4-9是一款低腰连衣裙的生产通知单。审核订单及生产通知单要对照样衣进行，主要包括确认面料和里料的品种、成分、克重、颜色、及对格对条等面料属性；确认拉链、纽扣、商标等辅料的使用要求；认真审核生产通知单中有关裁剪、缝制、整烫、锁眼钉扣等主要的工艺要求。

## 二、款式描述与结构分析

对照样衣和生产通知单中的平面款式图，认真分析样衣的款式和结构特征，包括每条结构线的结构特征，以及所采用的生产加工的工艺方法。

此款连衣裙为无领无袖低腰线连衣裙。整体结构较合身，裙长较短，富有运动感，领口及分割线处分别缉有装饰性明线，有较强的时尚感。上身采用刀背缝结构将腋下省转移至袖窿处，并与腰省贯通形成纵向分割线，达到修身的目的。前裙中心对褶的设计便于运动。腰线降低至裙子腰省的省尖处，通过合并腰省可以使腰带完整，既合体又可起到装饰的作用。后腰带分别与上身和下裙缉牢固定，前腰带只在侧缝处与衣裙连接固定，并在右前中心处钉一个装饰性腰带扣。领口贴边和袖口贴边采用连裁的形式，并在右侧缝处装有一隐形拉链。

表4-9　低腰连衣裙生产通知单

| 生产通知单 | | | | | | |
|---|---|---|---|---|---|---|
| 合约: | | | | 数量: | | |
| 产品名称:低腰连衣裙 | | 款号: | | 发单日期: | | 交货日期: |
| 尺码　　　颜色 | | S | M | L | XL | 合计 |
| 米　色 | | 200 | 350 | 150 | | 700 |
| 粉　色 | | 200 | 350 | 150 | | 700 |
| 灰　色 | | 200 | 350 | 150 | | 700 |
| | | | | | | |
| 合　计 | | 600 | 1050 | 450 | | 2100 |

| 生产图样: | 面料:棉布 |
|---|---|
| | 成分:55% 棉、聚酯纤维 45% |
| | 衬:无纺黏合衬 |
| | 纽扣: |
| | 垫肩:无 |
| | 线:690# |
| | 拉链:1 条(成品 45cm )/件 |
| | 腰带装饰扣:1 个 / 件 |
| | 商标、洗标: |

| 尺码　　　部位 | S | M | L | XL | 工 艺 要 求 |
|---|---|---|---|---|---|
| 后中长 | | 85.5 | | | 落衬部位:领口、袖口贴边及腰带; |
| 胸　围 | | 92 | | | 领口、袖口、刀背缝均缉 0.8cm 明线 |
| 腰　围 | | 76 | | | 前裙身对褶处缉 0.8cm 明线固定; |
| 臀　围 | | 98 | | | 穿带钉于前身刀背缝处; |
| 肩　宽 | | 36.5 | | | 针距:2.5cm 内 14 针; |
| 摆　围 | | 110 | | | 商标:缝于后领口中间,两头缉死; |
| 后腰节 | | 42.5 | | | 水洗标与成分标:缝于左侧缝,在底边上 |
| 领口宽 | | 21.6 | | | 10cm 处。 |
| 领口深 | | 9.6 | | | |
| | | | | | |

## 三、测量样衣尺寸并核定服装规格及部件尺寸

　　生产通知单中通常只提供服装主要部位的规格尺寸,对于制版中所需的细部尺寸可以参考实际测量样衣的结果,所以,准确的测量样衣各部位的尺寸并且做好记录,非常关键。同时要注意测量结果与生产通知单中的尺寸有无冲突,如有冲突要及时与客户沟通,并得到客户书面确认。测量部位如图4-8所示。表4-10是低腰线连衣裙的规格尺寸表。

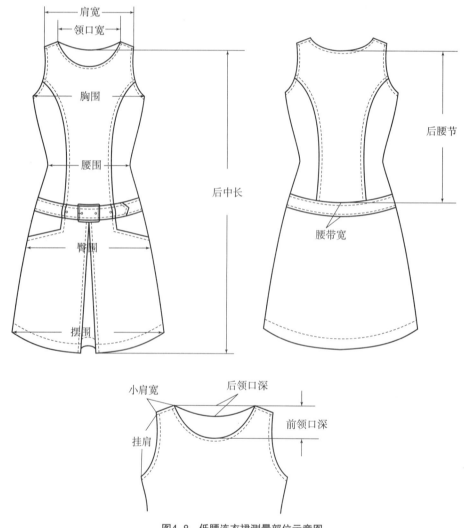

图4-8　低腰连衣裙测量部位示意图

表4-10　低腰线连衣裙规格尺寸表

单位:cm

| 号 / 型 | 160/84A | |
| --- | --- | --- |
| 部位名称 | 部位代号 | 成品尺寸 |
| 后中长 | CBL | 85.5 |
| 后腰节 | BWL | 42.5 |
| 胸　围 | B | 92 |

（续表）

| 号 / 型 | 160/84A | |
|---|---|---|
| 部位名称 | 部位代号 | 成品尺寸 |
| 腰 围 | W | 76 |
| 臀 围 | H | 98 |
| 摆 围 | | 110 |
| 肩 宽 | S | 36.5 |
| 领口宽 | | 21 |
| 前领口深 | | 9.6 |

## 四、板型设计

由于此款低腰连衣裙款式结构相对较为复杂，既有腰线位置的变化，又有省缝的转移与分割线的设计，还有褶裥的设计，为保证各部位尺寸的吻合，采用原型法与比例法相结合的方法进行板型设计。

### （一）绘制原型

根据已经确定的成品规格尺寸表，成品胸围尺寸为92cm，合体连衣裙的胸围放松量一般在6～10cm，所以需绘制号型为160/84A的原型，其中净胸围84cm，背长38cm。

### （二）绘制低腰连衣裙板型（图4-9，图4-10）

1. 确定胸围尺寸。因为成品胸围尺寸要求为92cm，而在160/84A原型中已包含基本放松量12cm，因此需要减少4cm，分别在前后侧缝线各减少1cm。

2. 确定腰围尺寸。该款连衣裙虽为低腰线连衣裙，但测量样衣所得的腰围成品尺寸是在正常腰线处量取所得，故只需在正常腰线处取前后腰围尺寸分别为 W′/4+2.5cm（省量）（W′－腰围成品尺寸）。

3. 确定臀围尺寸。规格表中的臀围尺寸是成品尺寸，无需再加放松量，故前后臀围尺寸分别取 H′/4（H′－臀围成品尺寸）。

4. 确定下摆尺寸。测量样衣所得的下摆尺寸是褶裥闭合状态下的成品尺寸，故前后下摆尺寸各为摆围/4。

5. 画后衣身和后裙片。在原型板的基础上，后领口宽取1/2领口宽尺寸，后领深下落2.5cm，重新画顺后领口弧线。取1/2肩宽+0.5cm确定新的肩宽点，在袖窿深线上胸围减小1cm，并按样衣的挂肩尺寸，重新画顺袖窿弧线。由新的后领口深线向下量取后中长确定裙底边线，由原腰节线向下量取腰长尺寸确定臀围线，取 H′/4确定臀围点，取摆围/4确定下摆定点，由后领口深线向下量取后腰节尺寸确定后腰节分割线，后腰围 =W′/4+2.5cm（省量），连接腰围点、臀围点、下摆点画顺侧缝线并起翘1cm，画顺底摆线。最后画刀背分割线，上端距肩点10cm，与原型板原腰省画顺，省大2.5cm，省尖距正常腰线11cm。

6. 画前衣身和前裙片。在原型板的基础上，取1/2肩宽尺寸确定新的肩宽点，在袖窿深线上胸围减小 1cm，并按样衣的挂肩尺寸，重新画顺袖窿弧线。取 1/2 领口宽 -0.2cm，确定领口宽定点，由新的领口宽点向下量取领口深尺寸确定新的领口深线，重新画顺领口弧线。由后腰节分割线的高度确定前腰节分割线的位置，前腰围、前臀围、前下摆的确定可参照后裙片，画顺侧缝线，前中心对褶宽度 9cm。最后画刀背省分割线。

　　画展开图。合并腋下省，完成前衣身侧片展开图。合并前后腰带处的部分腰省，并修顺腰线完成前后腰带的展开图。

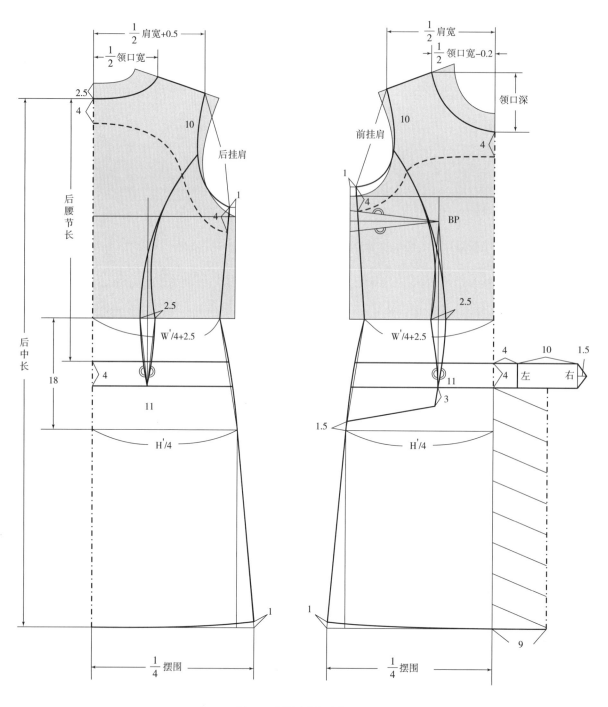

图4-9　低腰连衣裙结构图

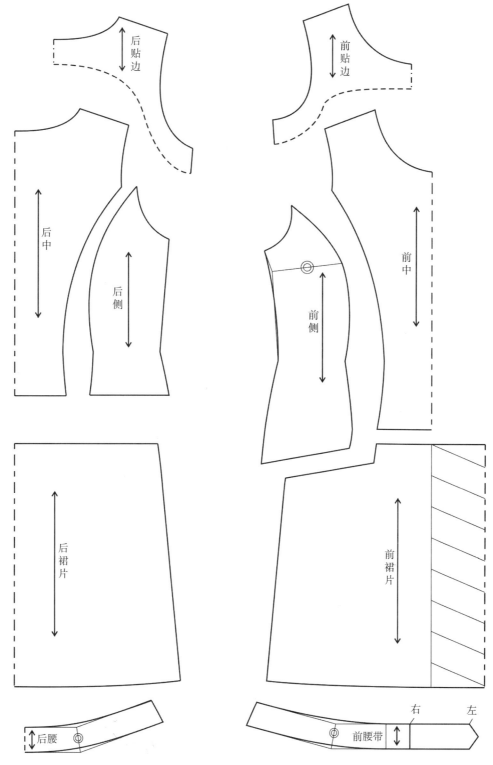

图4-10 低腰连衣裙结构图分解

**思考题:**

1.在生产实际过程中,连衣裙板型设计的方式都有哪些? 具体操作流程是什么?

2.在生产实际过程中,如何确定连衣裙板型设计的具体方法?

# 第五章
# 连衣裙工业样板与排料

## 第一节　工业样板概述

制作工业样板是在按照母板制作出样衣，并且经过有关方面确认的基础上进行成衣批量化生产之前的关键环节，工业样板的正确与否直接影响着成衣的质量、性能的优劣和生产的效益。

### 一、工业样板种类

成衣工业样板根据用途不同种类各有区别。成衣工业样板包括净板和毛板。净板是指不包括缝份和折边，能够准确展现成衣板型结构设计方案的结构图即初始样板；毛板是以净板为基础经过试样、修正、复样、加放缝份、加放折边、标注说明等制作程序，确认为可进入工业系列样板制作程序的样板即母板。由净板到毛板的转化过程必须要以保证板型结构设计方案为前提，根据净板各条结构线特点进行相似调整。从成衣生产制造角度可划分为裁剪样板和工艺样板；从板型结构设计程序角度可划分为净线样板和毛线样板。

### （一）裁剪样板

裁剪样板是指应用于成衣生产过程中排料、画样、裁剪等工序使用的样板，其中包括面板、里板、衬板，分别应用于裁剪不同成衣部位的原料样板。例如：外套裁剪样板包括主料样板、衬里样板、辅料样板。不论是哪一种类的裁剪样板都必须是包括缝份、贴边、布纹方向、号型标注、名称标注等技术指标的系列样板。

### （二）工艺样板

工艺样板是指应用于成衣缝制过程中对裁片或半成品进行修整定型、定量或定位等工序使用的样板。根据使用部位可划分为：定型样板、定位样板、扣边样板。例如：领子、口袋等局部成型需要使用定型样板，缉缝省道或明线部位为保证各部位缝制效果对称统一需要使用定位样板，衣身下摆部位在进行缝制之前为统一标准使用扣边样板。根据具体缝制部位工艺样板基本上都是不含缝份的净线样板。

### （三）净线样板

净线样板是指采用平面或立体制版方法设计板型结构并绘制结构图，且制作的初始样板即不含缝份的样板。通常在板型设计初期按照板型设计程序要求必须制作净线样板,其目的是确保板型设计程序标准化,为板型结构图的试制和确认提供原始技术根据。

### (四)毛线样板

毛线样板以试样确认后的净线样板为基础,经过加放缝份、加放折边、标注说明等环节制定的样板即母板,它是制作工业系列样板的基础环节。

# 第二节　连衣裙工业样板的制作

## 一、制版程序与方法

### (一)拓画标准图

将所绘制的已经确认定型的标准板型设计图(净样),拓画到样板纸上,要求款型、轮廓、规格尺寸等准确无误。

### (二)加放缝份与折边

#### 1.缝份加放量

指沿着净样板的周边加放缝合时所需的做缝量。确定工业样板加放缝份规格的因素是多方面的,缝份的大小随着面料的种类、缝合的部位以及缝制工艺的不同而有所不同。通常情况下,直线部位缝份大于弧线部位缝份,质地疏松的面料缝份大于质地紧密面料的缝份。通常直线部位缝份宽1cm,拉链部位缝份宽1.5cm,弧线部位如袖窿弧线、领口弧线、前裆弯弧线缝份宽0.8cm。另外,缝份规格与面料材质及织纹有关,厚而织纹密度低的面料加放缝份宽1.5cm,薄而织纹密度高的面料加放缝份宽1cm。

连衣裙样板基本缝份的加放量参见表5-1。

表5-1　常见连衣裙不同缝份参考数据表　　　　　　　　　　　　单位:cm

| 名　称 | 说　　明 | 参考放量 |
|---|---|---|
| 分开缝 | 平缝后将缝份两边分开烫平 | 1~1.2 |
| 坐倒缝 | 平缝后缝份向一边烫倒 | 1 |
| 来去缝 | 分两步进行:先将织物反面叠和平缝后,再将织物正面叠和后平缝。常用于薄型面料,免去三线包缝的工序 | 1.2 |
| 内包缝 | 正面可见一条线迹,反面可见两条线迹 | 上层0.7~0.85<br>下层1.5~1.85 |
| 外包缝 | 正面可见两条线迹,反面可见一条线迹 | 上层0.7~0.85<br>下层1.5~1.85 |
| 平绱缝 | 小片小件与主件齐边平缝 | 1 |
| 弯绱缝 | 绱缝的一边或两边弯曲不平直,如绱领子、绱袖子等 | 0.8~1 |

### 2. 缝份加放的原则

直线缝份保持与样板边缘平行,样板边缘角端缝份均应呈直角状,而且两片组合时对应相等,才能保证缝制后相互圆顺地结合。其放缝方法是,延长净线(针迹线)与另一边缝份相交,过交点作该缝边的垂线,并按缝份的宽度要求作出角端缝份(图 5-1)。

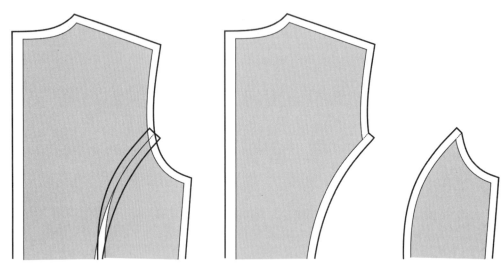

图5-1　角端缝份的加放

### 3. 加放折边

服装的边缘部位一般都采用折边来处理,工业样板的折边规格与成衣类型和下摆的塑型有关,也与面料材质有关,厚而松软的面料加放折边要宽一些,薄而紧实的面料加放折边要窄一些,直线加放折边要宽一些,弧线加放折边要窄一些。如连衣裙的裙摆、门襟、袖口、开衩等部位,各有不同的加放量。连衣裙常用折边工艺放缝量参见表 5-2。

表5-2　常见连衣裙不同折边放量参考数据表　　　　　　　　　　　　　　单位:cm

| 部　位 | 常见连衣裙各类折边放缝量 |
|---|---|
| 裙　摆 | 3~4 |
| 袖　口 | 散袖口 3~4,紧袖口 1 |
| 门　襟 | 开门领 6~7,关门领 3.5~4 |
| 袋　口 | 明贴袋无袋盖 2.5~3.5,有袋盖 1.5 |
| 开　衩 | 3~4 |
| 开　口 | 装拉链或钉纽扣,一般为 1.5~2 |

当连衣裙底边和侧缝的夹角大于 90° 时,翻折后会出现缺少缝份的现象,要解决以上问题,侧缝的缝份需在底边适当追加,补足缺少的部分。如图 5-2(a)所示,当底边和侧缝的夹角小于 90° 时,翻折后会出现多余缝份现象。因此,在宽摆造型的侧缝的缝份需要减除多余的部分,如图 5-2(b)所示。

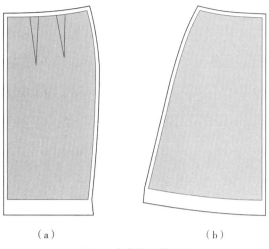

（a）　　　　　　　　　（b）

图5-2　裙摆折边的处理

## 4.连衣裙加放缝份与折边应用实例

如图5-3所示刀背缝连衣裙的缝份加放（板型设计参见图4-1）。

如图5-4,图5-5所示长袖连衣裙的缝份与折边（板型设计参见图4-2,图4-3）。

如图5-6所示高腰连衣裙缝份与折边（板型设计参见图4-6,图4-7）。

如图5-7,图5-8所示低腰连衣裙缝份与折边（板型设计参见图4-9,图4-10）。

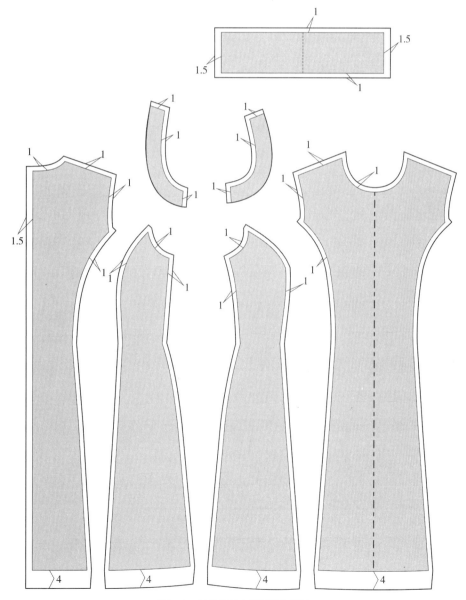

图5-3　刀背缝连衣裙缝份和折边

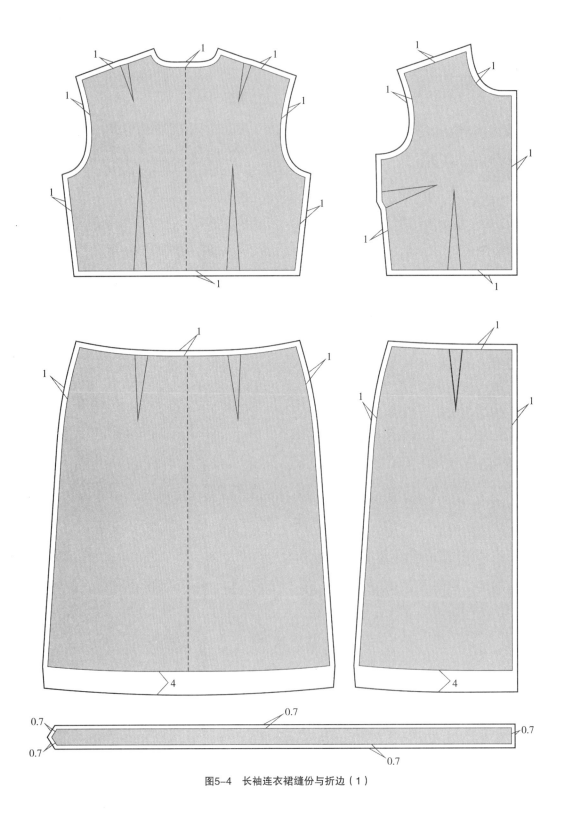

图5-4　长袖连衣裙缝份与折边（1）

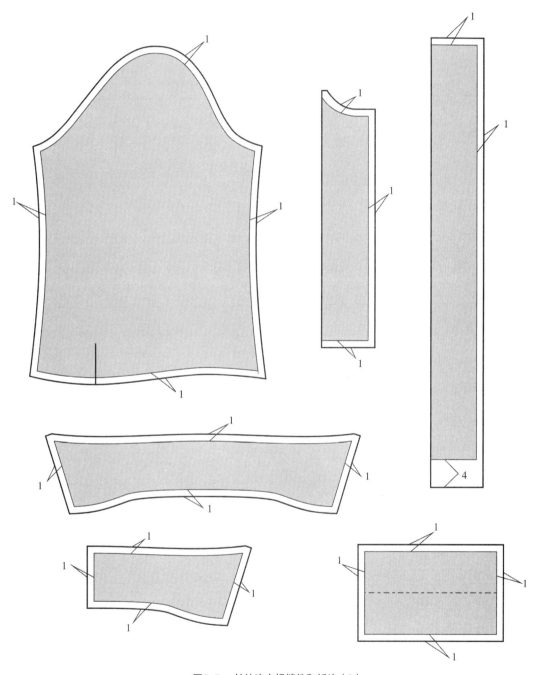

图5-5　长袖连衣裙缝份和折边（2）

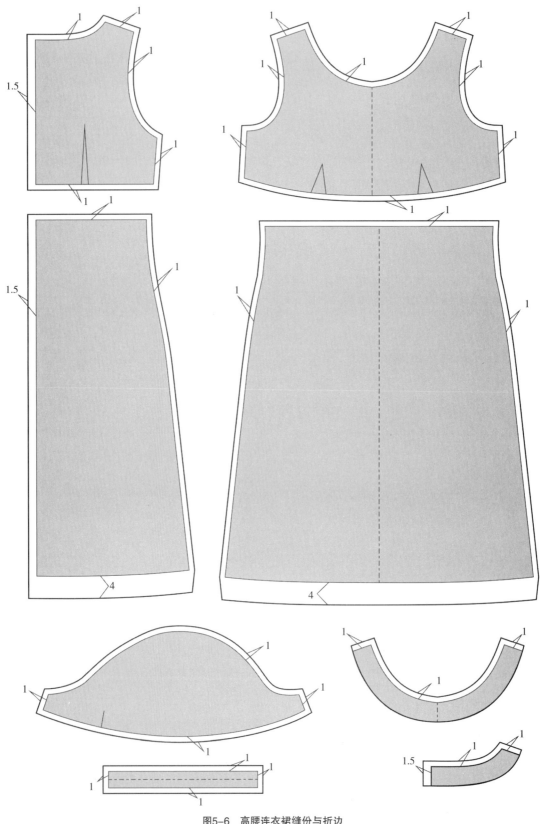

图5-6　高腰连衣裙缝份与折边

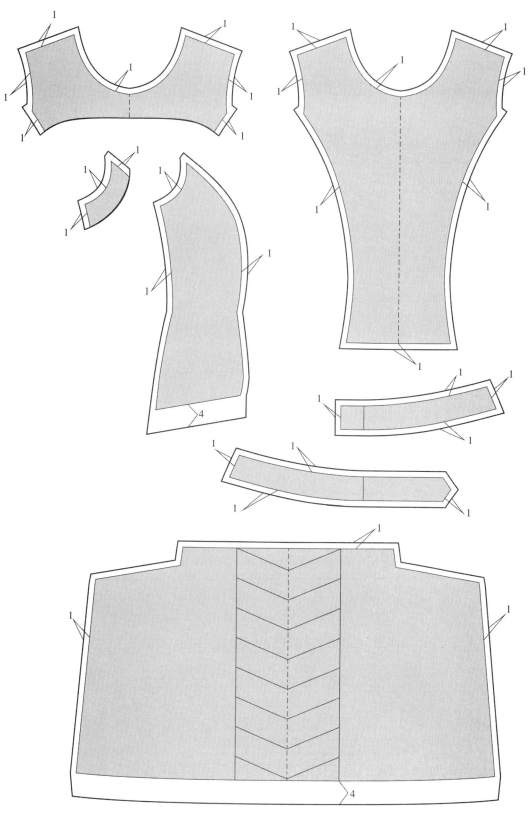

图5-7 低腰连衣裙缝份与折边（1）

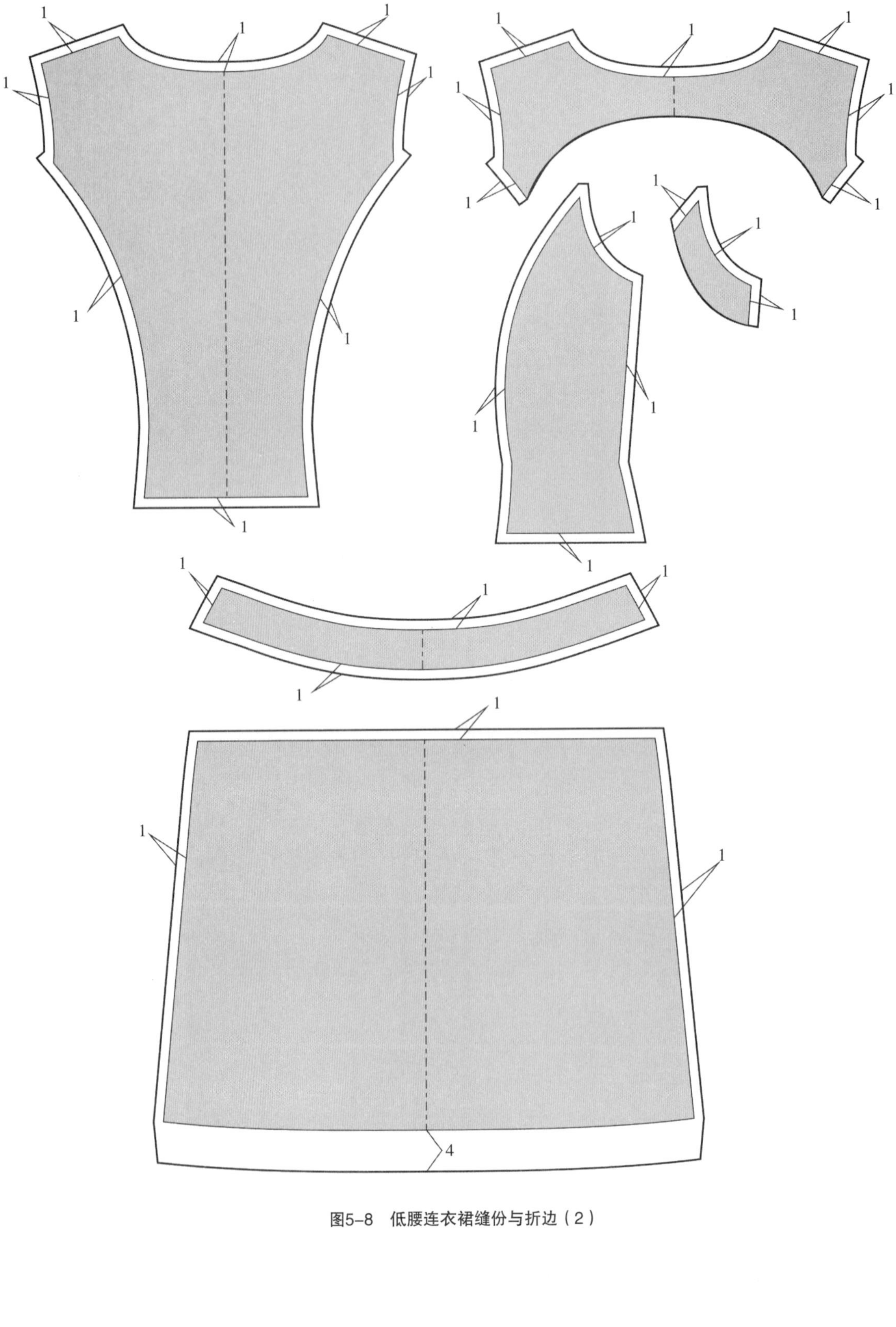

图5-8　低腰连衣裙缝份与折边（2）

## （三）工业样板标注专业符号

标注样板专业符号是工业系列样板制作的重要内容之一。按照成衣生产程序针对样板需要说明的部位、内容等技术指标采用不同的形式加以标注，包括：文字符号、定位符号等，其目的是便于统一管理指导产品生产流程的有序运行。

### 1. 文字标注

文字符号用以标注名称、数量、编号、规格等样板属性信息，常用的外文字母和阿拉伯数字应尽量印刷体标注，其余文字应用正楷或仿宋字体书写；字体应端正、整洁，勿潦草、涂改。

（1）公司代号

一般可采用拼音的第一个大写字母表示，如童冠制衣可表示为"TGZY"。

（2）产品名称及编号

服装公司在每个季节将所有需要生产的不同款式服装会按照顺序进行编号，便于从生产环节到销售环节的工作调度。编号可以按季节设计第一个数字，然后按照服装款式数量的多少，将款式编号设计为两位或三位数等，依次编号。如春季服装，采用"1"作为首位数，若服装公司每一季开发新款为200款，那么，可将款式编号设计为3位数。春季第一款编号可表示为"1001"。

（3）部位名称

在样板上需要明确标注样板的具体部位名称，如前片或后片；不对称的样板还要标明左右、上下、正反面等标记。

（4）样板种类

服装样板的面、里、衬板、袋布以及工艺净样板等需要明确标注。

（5）裁片数量

样板裁片数需标注清楚。不对称的服装款式，更应该将不对称部位的衣片数量明确表示。

（6）服装号型

在服装系列样板标注时，需要清楚标注服装号型。如165/84A。

### 2. 标注工艺定位符号

样板由净样放成毛样后，为了确保原样的标准性，在推板、排料、画样、裁剪以及缝制时部件与部件的结合等整个工艺过程中保持不走样、不变形，就需要在毛板上作出各种标记，以便在各个环节中起到标位作用。

（1）定位标记

净样板放成毛样板以后，在样板上加上定位标记，可以提高后道缝制工序的精确度与效率。定位标记一般是采用"刀口"和"锥眼"的方法来标识的。

a. 刀口亦称"剪口"，一般是在样板的边缘剪出U型缺口，标记缝份大小、折边宽窄、褶裥收省位置、零部件装配位置和衣片缝合时的对位点等（图5-9，图5-10）。

b. 锥眼标记常用于衣片的内部需定位的袋位、省位、褶位等，无法用刀口做标记时，用冲孔工具打眼做标记，打孔直径一般为$\phi 0.2 \sim 0.4$cm，此孔称为"定位孔"。贴袋一般在袋位实际大小各进0.5cm钻眼，省缝止点向内2cm钻眼，省宽向内0.5cm钻眼，若省的宽度在1cm之内，则在省的中间钻眼（图5-11～图5-13）。

c. 此外对于需要精确定位的部分，除应做好应做的标记外，有时还需利用定位板来定位。

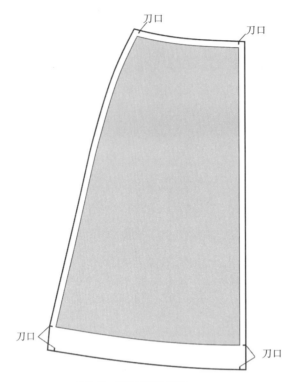

图5-9　缝份与折边定位

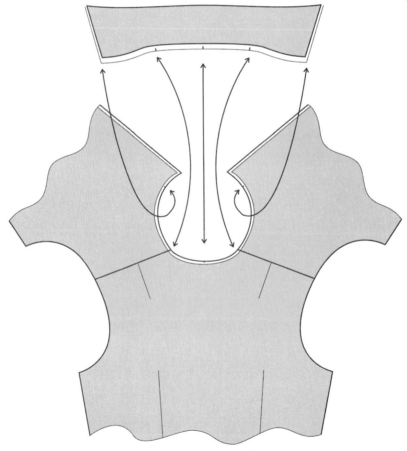

图5-10　对位标记

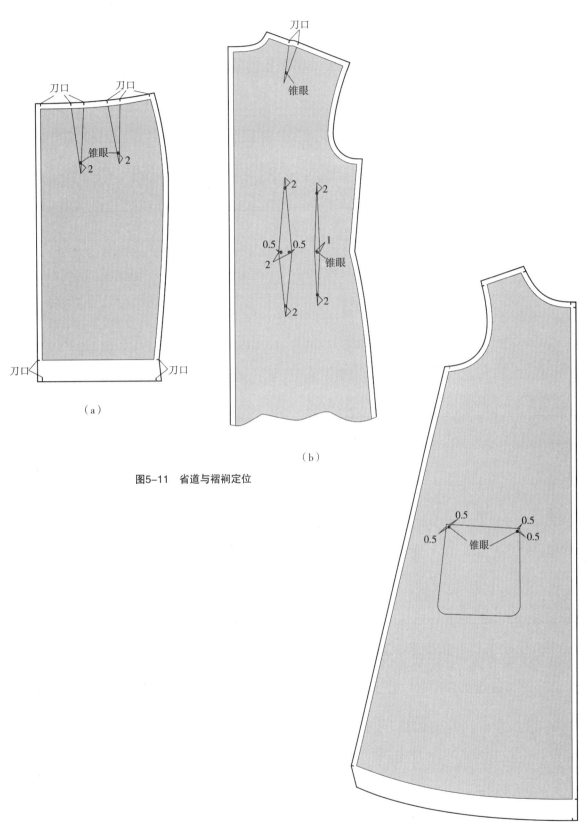

（a）

（b）

图5-11 省道与褶裥定位

图5-12 袋位定位

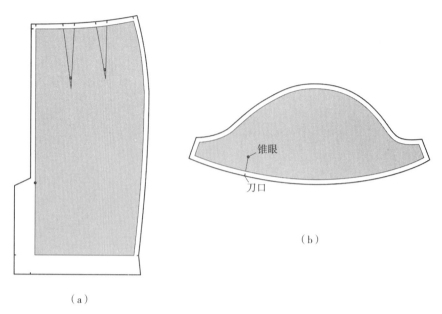

（a）

（b）

图5-13　开口、开衩定位

（2）纱向与倒顺标记

a.纱向标记：是用一线段两端加箭头表示，如："◄───►"，作为纱向标记，表示排料时，应使样板上的纱向标记与织物经纱方向一致（图5-14）。

b.毛向标记：是用一线段加单箭头表示，如"↓"，在使用有倒顺毛要求的面料时，应标注毛向标记。排料时使箭头所指与面料毛向一致，为顺毛向，相反为逆毛向。例如：灯芯绒应逆毛向、长毛绒应顺毛向。

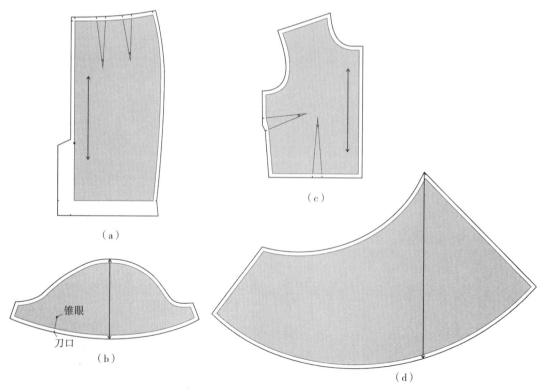

（a）

（b）

（c）

（d）

图5-14　纱向标记

## 二、连衣裙工业样板应用实例

图 5-15 为无袖刀背缝分割线连衣裙中间码 160/84A 的工业样板。

图 5-16，图 5-17 为长袖连衣裙中间码 160/84A 的工业样板。

图 5-18 是高腰连衣裙中间码 160/84A 的工业样板。

图 5-19，图 5-20 低腰连衣裙中间码 160/84A 的工业样板。

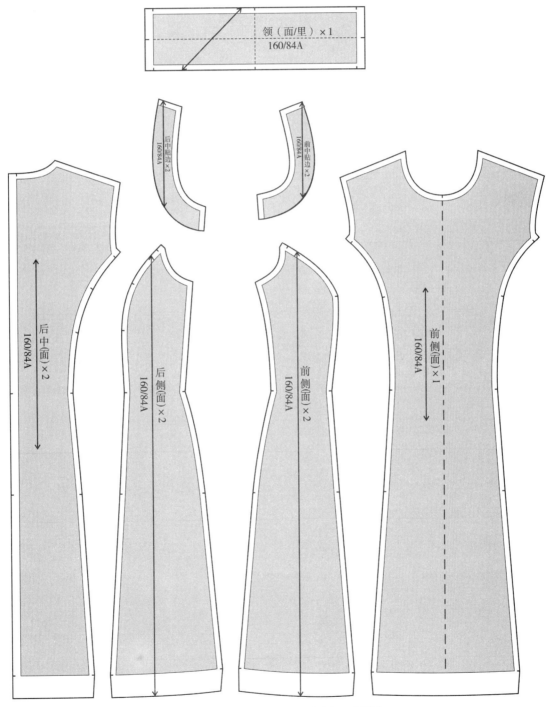

图5-15　无袖刀背缝分割线连衣裙工业样板

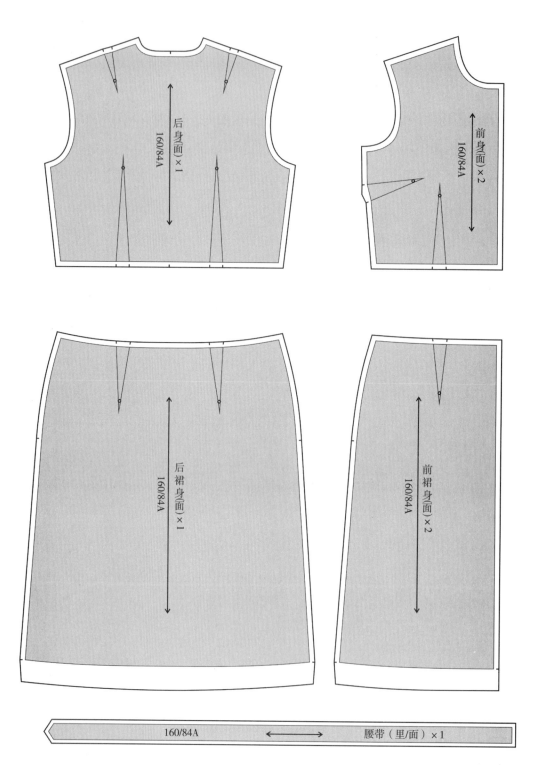

后身(面)×1
160/84A

前身(面)×2
160/84A

后裙身(面)×1
160/84A

前裙身(面)×2
160/84A

160/84A　　　　　　　　腰带（里/面）×1

图5-16　长袖连衣裙工业样板（1）

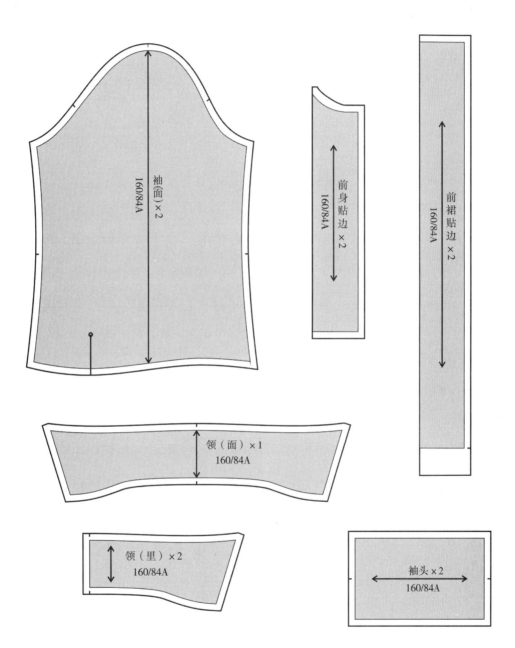

袖(面)×2
160/84A

前身贴边×2
160/84A

前裙贴边×2
160/84A

领(面)×1
160/84A

领(里)×2
160/84A

袖头×2
160/84A

图5-17　长袖连衣裙工业样板（2）

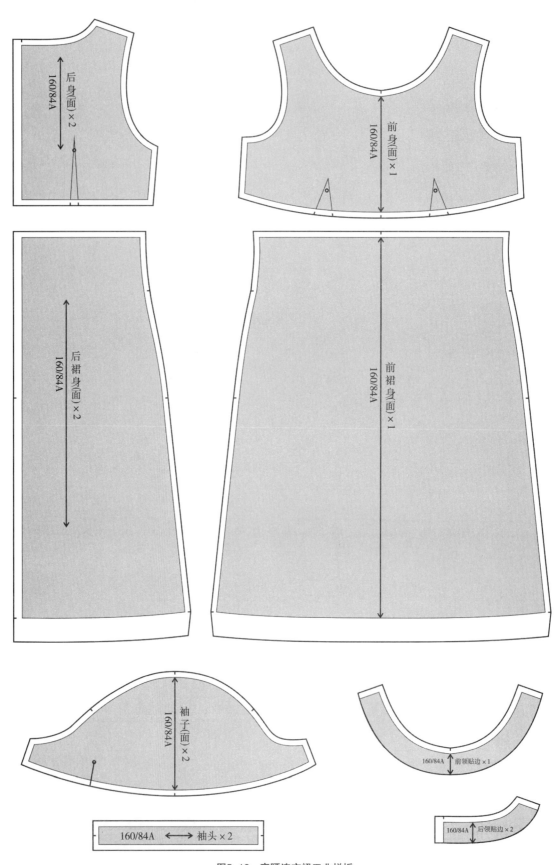

图5-18　高腰连衣裙工业样板

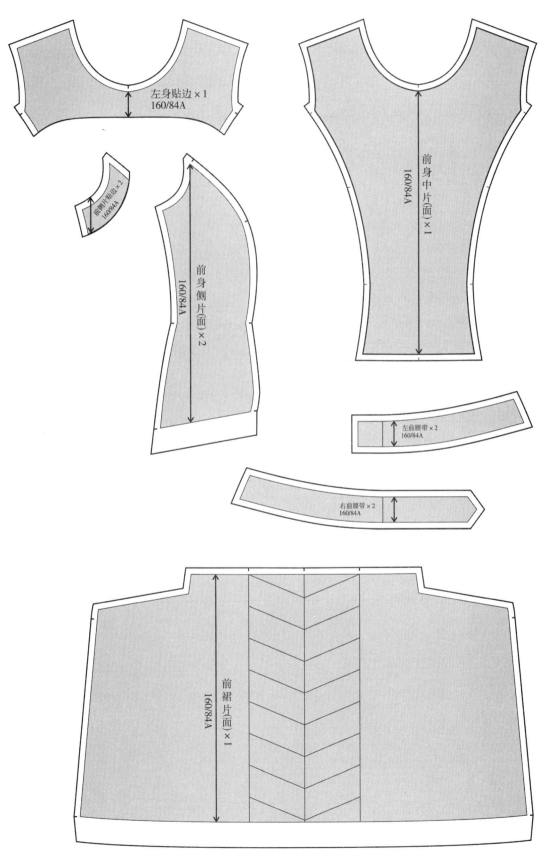

图5-19　低腰连衣裙工业样板（1）

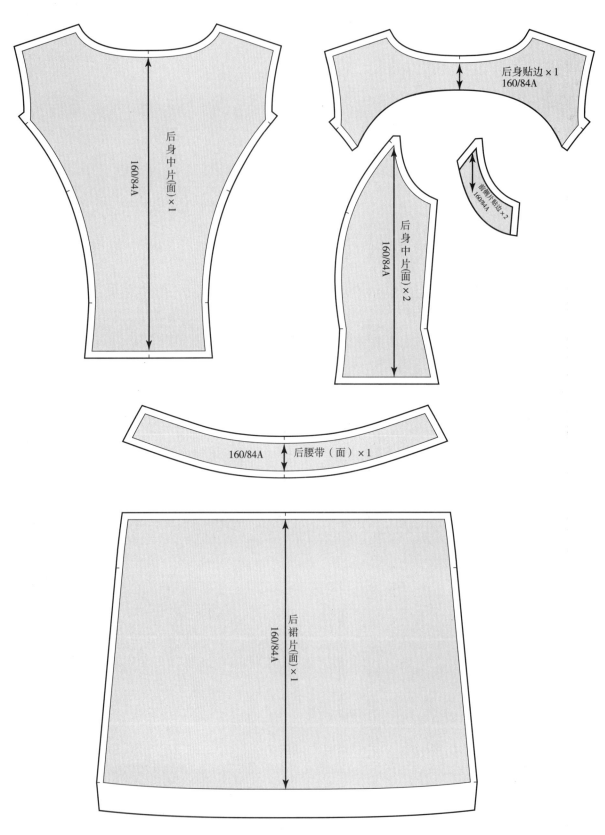

图5-20　低腰连衣裙工业样板（2）

# 第三节　连衣裙工业系列样板

由于成衣是批量生产的,一般地说不可能只是一种规格,而是同一种产品的多规格批量化生产,以适应和满足不同身高、不同胖瘦和不同体型人的穿着需求,因此就要求在生产时必须制作出不同规格的成套工业系列样板。

## 一、推板

以中间号的样板为基础板(或称为母板),以基础样板上各个转折点为坐标点,以服装规格尺寸和号型系列中的衣长和胸围等控制部位的档差为依据,根据数学相似形原理,用坐标平移法确定好各个号型之点,再用线条连接成图,即成为全号型的缩放图。然后以这张图为底图,按号型逐一地拓下来,剪成纸样,制成样板。这种按一定的方法并有规律地进行成套系列服装样板的制作的过程称为推板。

### (一)推板规则

样板推板规则的确定是否合理,主要反映在制作的系列样板能否达到规格尺寸、服装造型以及服用功能的一致。推板规则的制定如下:

#### 1. 制定规格系列尺寸与档差

规格系列尺寸是各部位规格档差计算的主要依据,也是样板推档的主要依据。在目前应用的规格系列有两种,一种是国家号型系列规格,专门供国内服装生产厂制作内销服装之用。可以根据生产安排,按照原有标准母板的号型及各控制部位规格尺寸,推出其他各档的系列规格表(详见连衣裙成品规格设计章节);另一种是客户提供系列成衣规格,常见于国内服装生产厂为国外客户制作外销服装的贴牌加工。

以上两种不同规格尺寸是形成不同板型和不同档差的主要原因。其中,档差是指样板推档中各部位间的放大或缩小量,亦称推档数,档差是适应不同体型需要的主要依据。

#### 2. 档差计算及放缩部位分配

各部位的档差应按号型标准所规定的分档数值和制图所采用的比例公式计算,并合理分配,根据要求放缩,使放缩后的规格系列样板与标准母板的造型款式相同或相似。

(1)直接由"服装号型各系列分档数值"表中查到的档差

由"服装号型各系列分档数值"表中提供的数据可以直接查到颈椎点高、坐姿颈椎点高、腰围高、胸围、腰围、臀围、总肩宽、袖长(全臂长)、领围(颈围)的档差,表5-3是女装号型各系列分档数值(5·4系列/5·2系列)。

表5-3　女装号型各系列分档数值(5·4系列/5·2系列)　单位:cm

| 部　位 | 采用数(档差) | 备　注 |
|---|---|---|
| 身　高 | 5 | |
| 颈椎点高 | 4 | |

（续表）

| 部　位 | 采用数（档差） | 备　注 |
|---|---|---|
| 坐姿颈椎点高 | 2 | |
| 全臂长 | 1.5 | |
| 腰围高 | 3 | |
| 胸　围 | 4 | |
| 颈　围 | 0.8 | |
| 总肩宽 | 1 | |
| 腰　围 | 4 | 5·2系列取2 |
| 臀　围 | 3.6或3.2 | 5·4系列Y和A体型取3.6，B和C体型取3.2；<br>5·2系列Y和A体型取1.8，B和C体型取1.6。 |

（2）由"服装号型各系列分档数值"表推算出来的档差

有一些控制部位的档差在"服装号型各系列分档数值"表中虽然没有直接给出，但可以通过推算得出。例如，颈椎点高和腰围高的档差可以由表5-3女装号型各系列分档数值（5·4系列/5·2系列）中获得，那么，由颈椎点高的档差数值减去腰围高的档差数值，就可以得到背长的档差数值，即由颈椎点高的档差4减去腰围高档差3，得到背长的档差数值为1。

（3）按制图公式计算出来的档差

在制版过程中，有些关键部位的尺寸在规格尺寸表中没有约定，而是按一定的公式计算出来的，那么这些部位的档差同样可以由相应的公式推导出来。例如，袖窿深=1.5B/10+调节数。由于不同的规格中胸围尺寸虽然是变化的，而调节数是定值，所以，袖窿深的档差就可以由1.5/10倍的胸围档差求出。可以由公式推导出来档差的部位还有：胸宽、背宽、领口宽、领口深、落肩等。

（4）按实际长度的比值计算得出的档差

有些部位的档差既无法从号型表中查出，也无法由公式推导出来，这就需要按部位的实际尺寸与其相关联部位的比值，乘以相关联部位的档差，即可得到该部位的档差。例如，对于具有装饰作用的分割线（如刀背缝和后身过肩）部位档差的计算，按其与相应部位比例计算后尽量精确取值，以确保推板后整体造型的一致，如图5-21所示。

表5-4是5·4系列/5·2系列连衣裙基本放缩值表，仅供参考，具体数值会因板型设计时各部位计算公式的不同而有所不同。

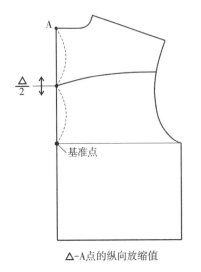
△-A点的纵向放缩值

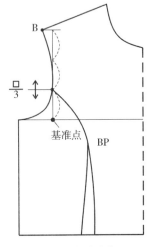
□-B点的纵向放缩值

图5-21　档差的推算

表5-4 5·4系列/5·2系列连衣裙基本放缩值表 单位：cm

| 部位名称 | 分解部位 | 放缩数值 | 放缩数值依据 |
|---|---|---|---|
| 裙 长 | 后身裙长 | 2.6~4 | 裙长/号 × 号的档差 |
| | 前身裙长 | | |
| 背 长 | 背 长 | 1 | 颈椎点高档差减去腰围高档差 |
| | 前腰节 | 1 | |
| 胸 围 | 前身胸围 | 1 | 胸围档差4的1/4 |
| | 后身胸围 | 1 | |
| 袖 窿 | 袖窿深 | 0.6 | 胸围档差4的1.5/10 |
| 肩 宽 | 前肩宽 | 0.5 | 肩宽档差1的1/2 |
| | 后肩宽 | 0.5 | |
| 落 肩 | 前落肩 | 0.2 | 胸围档差4的1/20 |
| | 后落肩 | 0.2 | |
| 胸背宽 | 胸 宽 | 0.6 | 胸围档差4的1.5/10 |
| | 背 宽 | 0.6 | |
| 腰 围 | 前身腰围 | 1 | 腰围档差4的1/4 |
| | 后身腰围 | 1 | |
| 臀 围 | 前身臀围 | 0.9 或 0.8 | 臀围档差(Y、A体型3.6，B、C体型3.2)的1/4 |
| | 后身臀围 | 0.9 或 0.8 | |
| 领 围 | 前领口宽 | 0.2 | 领围档差1的1/5或胸围档差4的1/20 |
| | 后领口宽 | 0.2 | |
| | 前领口深 | 0.2 | |
| 袖 子 | 长袖长 | 1.5 | 袖长的档差 |
| | 短袖长 | 1 | 设计尺寸 |
| | 袖 肥 | 0.8 | 胸围档差4的2/10 |
| | 袖山高 | 0.6 | 胸围档差4的1.5/10 |
| | 袖口肥 | 0.5 | 设计尺寸 |

## （二）确定缩放基点、基线

在板型的放缩过程中，通常会把某一轮廓线或主要辅助线确定为基准线，作为各档样板的公共线，将所计算的各部位档差数以此线为基准分配在相应的部位。因此基准线的选择是服装板型推板的关键问题，它决定着各个放缩部位档差的分配，以及图形线条的走向。

### 1.确定基准线的原则

（1）基准线应取衣片中纵横方向的主要结构线或轮廓线，但必须是直线或弯度较小的弧线。

（2）基准线必须是互成垂直的两条作为主基准线，允许将靠近主基准线的部分线作为副基准线，可与主基准线相同，都不做移动，但不可作为档差分配的计算依据。

（3）基准线最好取衣片较为集中或较为居中的线条或有重要作用的靠边的结构线或轮廓线,应有利于各档轮廓线能适当拉开距离,互不干扰,层次清楚。

（4）基准线应选取靠近衣片中有特殊结构的部位,如开刀线、省道以及装饰线等,使这些部位成为副基准线,不再移动。

2.连衣裙常用的基准线(表5-5)

表5-5　连衣裙常用基准线选择表

| 部　位 | 基　准　线 | |
| --- | --- | --- |
| | 纵　向 | 横　向 |
| 上　身 | 前后中直线、胸宽线、背宽线、前横开领直线 | 衣长线、胸围线、腰节线 |
| 袖　子 | 袖肥中线 | 袖长线、袖山深线、袖肘线 |
| 领　子 | 领后中线 | 领宽线 |
| 裙　子 | 前后中心线、侧缝直线 | 裙长线、臀围线 |

（三）放缩量分配与标注

根据基准线的选择位置,把各部位档差合理地进行分配,根据需要放缩,使放缩后的规格系列样板与标准母板的造型、款式相似或相同。

1.档差计算数是垂直和水平方向的数值,因此放缩时也只能是在水平和垂直方向上取点定位。

2.样板中的各部位间分档值不是固定不变的,它往往受不同规格档差、不同公共基准线和不同分割结构等条件的影响。其中,选择不同的公共基准线和采用不同分割结构时只会影响分档值的分配,而不会影响该部位的分档值的量。例如刀背缝结构的前身,其胸围的档差数值则需要在前中心片和前侧片的四个缝边处加以合理分配,使这几处缝缝的档差之和等于该部位的总档差。

3.在档差分配过程中,如果出现两个相关联的部位(如领口深与袖窿深),在放缩时,则小部位的放缩量应是大减小档差之差数,而大部位则可仍按其档差放缩。

例如:某衣片基准线若取袖窿深线时,肩颈点的纵向放缩量为0.8cm,而领深的放缩量对于肩颈点来说只有0.2cm,为保持领深0.2cm档差的不变,因此领深点的实际放缩量应是0.8cm-0.2cm=0.6cm,如图5-22所示。

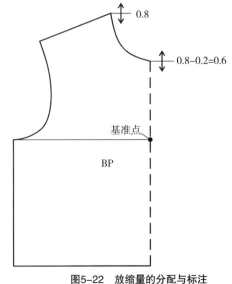

图5-22　放缩量的分配与标注

（四）连衣裙推板应用实例

1.无袖刀背缝分割线连衣裙推板

（1）推板规格系列和档差(表5-6)

表5-6　无袖刀背缝分割线连衣裙规格系列和档差

单位：cm

| 规格　　号型<br>部位 | 150/76A | 155/80A | 160/84A | 165/88A | 170/92A | 档差 |
|---|---|---|---|---|---|---|
| 后中长 | 83 | 85.5 | 88 | 90.5 | 93 | 2.5 |
| 胸　围 | 84 | 88 | 92 | 96 | 100 | 4 |
| 腰　围 | 66 | 70 | 74 | 78 | 82 | 4 |
| 臀　围 | 88 | 92 | 96 | 100 | 104 | 4 |
| 肩　宽 | 35.4 | 36.4 | 37.4 | 38.4 | 39.4 | 1 |

（2）面料样板推板（图5-23，图5-24）

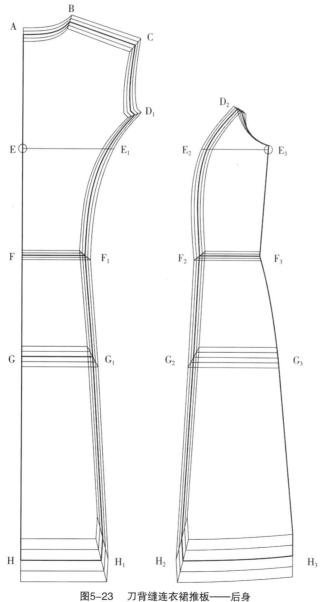

图5-23　刀背缝连衣裙推板——后身

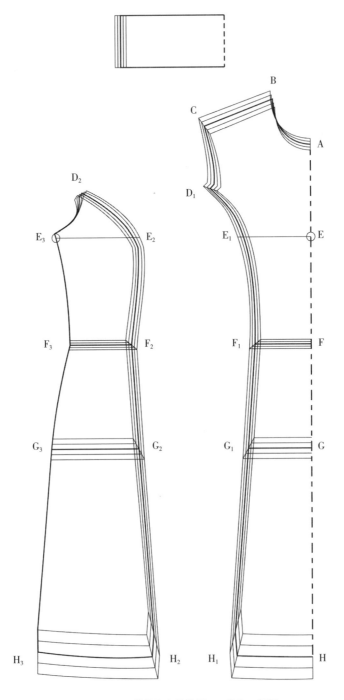

图5-24 刀背缝连衣裙推板——前身、领子

a. 后衣身中片

以后中线为垂直基准线,以袖窿深线为水平基准线,推档部位档差计算详见表5-7。

表5-7　无袖刀背缝分割线连衣裙后衣身中片推板部位档差计算表　　　单位:cm

| 部位名称 | 档 差 计 算 方 法 | | 放缩值 | |
| --- | --- | --- | --- | --- |
| | 纵向档差 | 横向档差 | 纵向 | 横向 |
| 后颈点 A | 1/6 胸围档差 | 本身在纵向基准线上,横向不放缩 | 0.6 | 0 |
| 侧颈点 B | 同 A 点纵向档差 | 1/20 胸围档差 | 0.6 | 0.2 |
| 后肩点 C | 1/6 胸围档差 −1/20/3 胸围档差 | 1/2 肩宽档差 | 0.6 | 0.5 |
| 背宽点 $D_1$ | 1/3 袖窿深档差 | 1/6 胸围档差 | 0.2 | 0.6 |
| 后中心线胸围点 E | 本身在横向基准线上,纵向不放缩 | 本身在纵向基准线上,横向不放缩 | 0 | 0 |
| 刀背缝胸点 $E_1$ | 本身在横向基准线上,纵向不放缩 | 1/2 后胸围档差 | 0 | 0.5 |
| 后中线腰节点 F | 背长档差 −A 点纵向档差 | 本身在纵向基准线上,横向不放缩 | 0.4 | 0 |
| 刀背缝腰节点 $F_1$ | 同 F 点纵向档差 | 1/2 后腰围档差 | 0.4 | 0.5 |
| 后中线臀围点 G | F 点纵向档差 +1/10 号档差 | 本身在纵向基准线上,横向不放缩 | 0.9 | 0 |
| 刀背缝臀围点 $G_1$ | 同 G 点纵向档差 | 1/2 后臀围档差 | 0.9 | 0.5 |
| 后中线底边点 H | 裙长档差 −A 点纵向档差 | 本身在纵向基准线上,横向不放缩 | 1.9 | 0 |
| 刀背缝底边点 $H_1$ | 同 H 点纵向档差 | 同 $G_1$ 点横向档差 | 1.9 | 0.5 |

b. 后衣身侧片

以侧缝线为垂直基准线,以袖窿深线为水平基准线,推档部位档差计算详见表5-8。

表5-8　无袖刀背缝分割线连衣裙后衣身侧片推板部位档差计算表　　　单位:cm

| 部位名称 | 档 差 计 算 方 法 | | 放缩值 | |
| --- | --- | --- | --- | --- |
| | 纵向档差 | 横向档差 | 纵向 | 横向 |
| 背宽点 $D_2$ | 1/3 袖窿深档差 | 1/4 胸围档差 − 后衣身中片 $D_1$ 点横向档差 | 0.2 | 0.4 |

（续表）

| 部位名称 | 档 差 计 算 方 法 | | 放缩值 | |
| --- | --- | --- | --- | --- |
| | 纵向档差 | 横向档差 | 纵向 | 横向 |
| 刀背缝胸围点 $E_2$ | 本身在横向基准线上，纵向不放缩 | 1/4 胸围档差 – 后衣身中片 $E_1$ 点横向档差 | 0 | 0.5 |
| 侧缝点 $E_3$ | 本身在横向基准线上，纵向不放缩 | 本身在纵向基准线上，横向不放缩 | 0 | 0 |
| 刀背缝腰节点 $F_2$ | 同后衣身 $F_1$ 点纵向档差 | 1/4 腰围档差 – 后衣身中片 $F_1$ 点横向档差 | 0.4 | 0.5 |
| 侧缝线腰节点 $F_3$ | 同 $F_2$ 点纵向档差 | 本身在纵向基准线上，横向不放缩 | 0.4 | 0 |
| 刀背缝臀围点 $G_2$ | 同后衣身中片 G 点纵向档差 | 1/4 臀围档差 – 后衣身中片 $G_1$ 点横向档差 | 0.9 | 0.5 |
| 侧缝线臀围点 $G_3$ | 同 $G_2$ 点纵向档差 | 本身在纵向基准线上，横向不放缩 | 0.9 | 0 |
| 刀背缝底边点 $H_2$ | 同后衣身中片 H 点纵向档差 | 同 $G_2$ 点横向档差 | 1.9 | 0.5 |
| 侧缝线底边点 $H_3$ | 同 $H_2$ 点纵向档差 | 本身在纵向基准线上，横向不放缩 | 1.9 | 0 |

c. 前衣身中片

以前中线为垂直基准线，以袖窿深线为水平基准线，推档部位档差计算详见表5–9。

表5–9　无袖刀背缝分割线连衣裙前衣身中片推板部位档差计算表　　　　单位：cm

| 部位名称 | 档 差 计 算 方 法 | | 放缩值 | |
| --- | --- | --- | --- | --- |
| | 纵向档差 | 横向档差 | 纵向 | 横向 |
| 前颈点 A | B 点纵向档差 –1/20 胸围档差 | 本身在纵向基准线上，横向不放缩 | 0.5 | 0 |
| 侧颈点 B | 1/6 胸围档差 | 1/20 胸围档差 | 0.7 | 0.2 |
| 前肩点 C | 同 B 点纵向档差 | 1/2 肩宽档差 | 0.7 | 0.5 |
| 背宽点 $D_1$ | 1/3 袖窿深档差 | 1/6 胸围档差 | 0.2 | 0.6 |
| 前中心线胸围点 E | 本身在横向基准线上，纵向不放缩 | 本身在纵向基准线上，横向不放缩 | 0 | 0 |
| 刀背缝胸围点 $E_2$ | 本身在横向基准线上，纵向不放缩 | 1/2 前胸围档差 | 0 | 0.5 |
| 前中心腰节点 F | 同后衣身中片 F 点纵向档差 | 本身在纵向基准线上，横向不放缩 | 0.4 | 0 |

（续表）

| 部位名称 | 档差计算方法 | | 放缩值 | |
|---|---|---|---|---|
| | 纵向档差 | 横向档差 | 纵向 | 横向 |
| 刀背缝腰节点 $F_1$ | 同 F 点纵向档差 | 1/2 前腰围档差 | 0.4 | 0.5 |
| 前中心线臀围点 G | F 点纵向档差 +1/10 号档差 | 本身在纵向基准线上，横向不放缩 | 0.9 | 0 |
| 刀背缝臀围点 $G_1$ | 同 G 点纵向档差 | 1/2 前臀围档差 | 0.9 | 0.5 |
| 前中心线底边点 H | 同后衣身中片 H 点纵向档差 | 本身在纵向基准线上，横向不放缩 | 1.9 | 0 |
| 刀背缝底边点 $H_1$ | 同 H 点纵向档差 | 同 $G_1$ 点横向档差 | 1.9 | 0.5 |

d. 前衣身侧片

以侧缝线为垂直基准线，以袖窿深线为水平基准线，推档部位档差计算详见表5-10。

表5-10　无袖刀背缝分割线连衣裙前侧片推板部位档差计算表　　　　单位：cm

| 部位名称 | 档差计算方法 | | 放缩值 | |
|---|---|---|---|---|
| | 纵向档差 | 横向档差 | 纵向 | 横向 |
| 胸宽点 $D_2$ | 1/3 袖窿深档差 | 1/4 胸围档差 – 前衣身中片 $D_1$ 点横向档差 | 0.2 | 0.4 |
| 刀背缝胸围点 $E_2$ | 本身在横向基准线上，纵向不放缩 | 1/4 胸围档差 – 前衣身中片 $E_1$ 点横向档差 | 0 | 0.5 |
| 侧缝点 $E_3$ | 本身在横向基准线上，纵向不放缩 | 本身在纵向基准线上，横向不放缩 | 0 | 0 |
| 刀背缝腰节点 $F_2$ | 同前衣身中片 $F_1$ 点纵向档差 | 1/4 腰围档差 – 前衣身中片 $F_1$ 点横向档差 | 0.4 | 0.5 |
| 侧缝线腰节点 $F_3$ | 同 $F_2$ 点纵向档差 | 本身在纵向基准线上，横向不放缩 | 0.4 | 0 |
| 刀背缝臀围点 $G_2$ | 同前衣身中片 $G_1$ 点纵向档差 | 1/4 臀围档差 – 前衣身中片 $G_1$ 点横向档差 | 0.9 | 0.5 |
| 侧缝线臀围点 $G_3$ | 同 $G_2$ 点纵向档差 | 本身在纵向基准线上，横向不放缩 | 0.9 | 0 |
| 刀背缝底边点 $H_2$ | 同前衣身中片 H 点纵向档差 | 同 $G_2$ 点横向档差 | 1.9 | 0.5 |
| 侧缝线底边点 $H_3$ | 同 $H_2$ 点纵向档差 | 本身在纵向基准线上，横向不放缩 | 1.9 | 0 |

e. 领子

领子推板以后领中线为垂直基准线，横向档差 =1/2 领围 =0.5cm，纵向档差 = 领宽档差 =0。

（3）辅料推板

无袖刀背缝分割线连衣裙辅料板主要有领衬板和贴边衬板，其推板方法和推板数据同面料板的推板。

### 2. 中腰位长袖连衣裙推板

（1）推板规格系列和档差（表5-11）

表5-11 中腰位长袖连衣裙规格系列和档差

单位：cm

| 规格＼号型<br>部位 | 150/76A | 155/80A | 160/84A | 165/88A | 170/92A | 档差 |
|---|---|---|---|---|---|---|
| 后中长 | 92 | 95 | 98 | 101 | 104 | 3 |
| 胸　围 | 86 | 90 | 94 | 98 | 102 | 4 |
| 腰　围 | 68 | 72 | 76 | 80 | 84 | 4 |
| 臀　围 | 90.8 | 94.4 | 98 | 101.6 | 105.2 | 3.6 |
| 肩　宽 | 37.4 | 38.4 | 39.4 | 40.4 | 41.4 | 1 |
| 袖　长 | 49 | 50.5 | 52 | 53.5 | 55 | 1.5 |
| 袖　口 | 19/6 | 19.5/6 | 20/6 | 20.5/6 | 21/6 | 0.5/0 |
| 领　围 | 35.4 | 36.2 | 37 | 37.8 | 38.6 | 0.8 |

（2）面料样板推板（图5-25 ～ 5-27）

a. 后衣身

以后中线为垂直基准线，以袖隆深线为水平基准线，推档部位档差计算详见表5-12。

表5-12　中腰位连衣裙后衣身推板部位档差计算表

单位：cm

| 部位名称 | 档 差 计 算 方 法 | | 放 缩 值 | |
|---|---|---|---|---|
| | 纵向档差 | 横向档差 | 纵向 | 横向 |
| 后颈点 A | 1/6 胸围档差 | 本身在纵向基准线上，横向不放缩 | 0.6 | 0 |
| 侧颈点 B | 同 A 点纵向档差 | 1/20 胸围档差 | 0.6 | 0.2 |
| 后肩点 C | 同 B 点，纵向档差 | 1/2 肩宽档差 | 0.6 | 0.5 |
| 背宽点 D | 1/2 袖隆深（C 点）档差 | 1/6 胸围档差 | 0.3 | 0.6 |
| 后胸围点 E | 本身在横向基准线上，纵向不放缩 | 1/4 胸围档差 | 0 | 1 |

（续表）

| 部位名称 | 档差计算方法 | | 放缩值 | |
|---|---|---|---|---|
| | 纵向档差 | 横向档差 | 纵向 | 横向 |
| 后腰线中点 F | 背长档差 −A 点纵向档差 | 本身在纵向基准线上，横向不放缩 | 0.4 | 0 |
| 后腰线侧缝点 G | 同 F 点纵向档差 | 同 E 点横向档差 | 0.4 | 1 |
| 肩省宽点 H、H' | 同 B 点纵向档差 | B 点横向档差 +1/3C 点横向档差 | 0.6 | 0.37 |
| 肩省尖点 I | 同 H 点纵向档差 | 同 H 点横向档差 | 0.6 | 0.37 |
| 背省尖点 J | 与胸围线距离为定值，纵向不放缩 | 1/2 背宽档差 | 0 | 0.3 |
| 背省宽点 K、K' | 同 F 点纵向档差 | 同 J 点横向档差 | 0.4 | 0.3 |

b. 前衣身

以胸宽线为垂直基准线，以袖窿深线为水平基准线，推档部位档差计算详见表5–13。

表5–13 中腰位连衣裙前衣身推板部位档差计算表 　　单位：cm

| 部位名称 | 档差计算方法 | | 放缩值 | |
|---|---|---|---|---|
| | 纵向档差 | 横向档差 | 纵向 | 横向 |
| 前颈点 A' | B' 点纵向档差 −1/20 胸围档差 | 1/6 胸围档差 | 0.5 | 0.6 |
| 侧颈点 B' | 1/6 胸围档差 | A' 点横向档差 −1/20 胸围档差 | 0.7 | 0.4 |
| 前肩点 C' | 同 B' 点纵向档差 | 1/6 胸围档差 −1/2 肩宽档差 | 0.7 | 0.1 |
| 胸宽点 D' | 1/2 袖窿深（C' 点）档差 | 本身在纵向基准线上，横向不放缩 | 0.35 | 0 |
| 前胸围点 E' | 本身在横向基准线上，纵向不放缩 | 1/4 胸围档差 −A' 点横向档差 | 0 | 0.4 |
| 前腰线中点 F' | 同后腰线中点 F' 纵向档差 | 同 A' 点横向档差 | 0.4 | 0.6 |
| 前腰线侧缝点 G' | 同 F' 点纵向档差 | 同 E' 点横向档差 | 0.4 | 0.4 |
| 腋下省宽点 L、L' | 同 E' 点纵向档差 | 同 E' 点横向档差 | 0 | 0.4 |
| 腋下省尖点 M | 同 L 点纵向档差 | 1/6 胸围档差 /4 | 0 | 0.15 |
| 腰省尖点 N | 与胸围线距离为定值，纵向不放缩 | 1/2 胸宽档差 | 0 | 0.3 |
| 腰省宽点 O、O' | 同 F' 点纵向档差 | 同 N 点横向档差 | 0.4 | 0.3 |

c. 前裙身

以前中线为垂直基准线,以臀围线为水平基准线,推档部位档差计算详见表5-14。

表5-14　中腰位连衣裙前裙身推板部位档差计算表　　　　　　　　　　单位:cm

| 部位名称 | 档 差 计 算 方 法 | | 放缩值 | |
| --- | --- | --- | --- | --- |
| | 纵向档差 | 横向档差 | 纵向 | 横向 |
| 前腰线中点 P | 1/10 号档差 | 本身在纵向基准线上,横向不放缩 | 0.5 | 0 |
| 前腰线侧点 Q | 同 P 点纵向档差 | 1/4 腰围档差 | 0.5 | 1 |
| 前臀围点 R | 本身在横向基准线上,纵向不放缩 | 1/4 臀围档差 | 0 | 0.9 |
| 底边线中点 S | 裙长档差－背长档差－P 点纵向档差 | 同 P 点横向档差 | 1.5 | 0 |
| 底边线侧缝点 T | 同 S 点纵向档差 | 同 R 点横向档差 | 1.5 | 0.9 |
| 腰省宽点 U、U' | 同 P 点纵向档差 | 同前身 O 点横向档差 | 0.5 | 0.3 |
| 腰省尖点 V | 同 U 点纵向档差 | 同 U 点横向档差 | 0.5 | 0.3 |
| 底边折边点 W | 同 T 点纵向档差 | 同 T 点横向档差 | 1.5 | 0.9 |

d. 后裙身

以后中线为垂直基准线,以臀围线为水平基准线,推档部位档差计算详见表5-15。

表5-15　中腰位连衣裙后裙身推板部位档差计算表　　　　　　　　　　单位:cm

| 部位名称 | 档 差 计 算 方 法 | | 放缩值 | |
| --- | --- | --- | --- | --- |
| | 纵向档差 | 横向档差 | 纵向 | 横向 |
| 后腰线中点 P' | 1/10 号档差 | 本身在纵向基准线上,横向不放缩 | 0.5 | 0 |
| 后腰线侧点 Q' | 同 P' 点纵向档差 | 1/4 腰围档差 | 0.5 | 1 |
| 后臀围点 R' | 本身在横向基准线上,纵向不放缩 | 1/4 臀围档差 | 0 | 0.9 |
| 底边线中点 S' | 裙长档差－背长档差－P' 点纵向档差 | 同 P' 点横向档差 | 1.5 | 0 |
| 底边线侧点 T' | 同 S' 点纵向档差 | 同 R' 点横向档差 | 1.5 | 0.9 |
| 腰省宽点 Y、Y' | 同 P' 点纵向档差 | 同后身 K 点横向档差 | 0.5 | 0.3 |

（续表）

| 部位名称 | 档差计算方法 | | 放缩值 | |
|---|---|---|---|---|
| | 纵向档差 | 横向档差 | 纵向 | 横向 |
| 腰省尖点 Z | 同 Y 点纵向档差 | 同 Y 点横向档差 | 0.5 | 0.3 |
| 底边折边点 W' | 同 T' 点纵向档差 | 同 T' 点横向档差 | 1.5 | 0.9 |

e. 袖子

以袖中线为垂直基准线，以袖山高线为水平基准线，推档部位档差计算详见表5-16。

表5-16　中腰位连衣裙袖子推板部位档差计算表　　单位:cm

| 部位名称 | 档差计算方法 | | 放缩值 | |
|---|---|---|---|---|
| | 纵向档差 | 横向档差 | 纵向 | 横向 |
| 袖山顶点 A | 4/5 袖窿深档差 | 本身在纵向基准线上，横向不放缩 | 0.5 | 0 |
| 袖肥点 B、B' | 本身在横向基准线上，纵向不放缩 | 2/10 胸围档差 | 0 | 0.8 |
| 肘线端点 C、C' | 1/2 袖长档差 -A 点纵向档差 | 同 B、B' 点横向档差 | 0.25 | 0.8 |
| 袖口肥 D、D' | 袖长档差 -A 点纵向档差 | 同 B、B' 点横向档差 | 1 | 0.8 |
| 袖开口点 E、E' | 同 D 点纵向档差 | 1/2D 点横向档差 | 1 | 0.4 |

f. 领子、袖口、腰带及贴边（表5-17）

表5-17　中腰位连衣裙领子、袖口及贴边推板部位档差计算表　　单位:cm

| 部位名称 | 档差计算方法 | | 放缩值 | |
|---|---|---|---|---|
| | 纵向档差 | 横向档差 | 纵向 | 横向 |
| 前衣身贴边 A、B 点 | 前衣身 A' 点和 F' 点的纵向档差之和 | 贴边宽度档差 | 0.9 | 0 |
| 前裙身贴边 C、D 点 | 裙长档差 - 背长档差 | 贴边宽度档差 | 2 | 0 |
| 后领中 E、F 点 | 领宽档差 | 1/2 领围档差 | 0 | 0.4 |
| 袖口 G、H 点 | 袖口宽度档差 | 袖口长度档差 | 0 | 0.5 |
| 腰带 L、M 点 | 腰带宽度档差 | 腰围档差 | 0 | 4 |

（2）辅料推板

中腰位连衣裙辅料板主要有领衬板、袖口衬板、腰带衬板和贴边衬板,其推板方法和推板数据同面料板的推板(图 5-25~ 图 5-27 )。

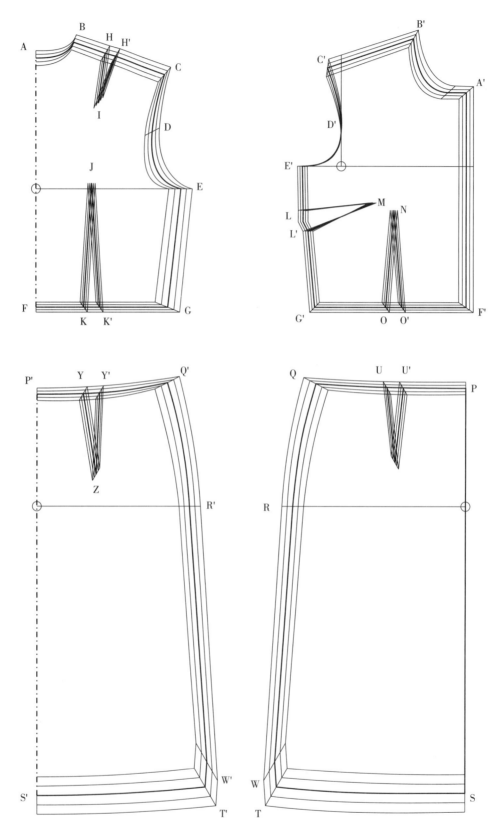

图5-25 中腰位连衣裙推板——前后身、裙

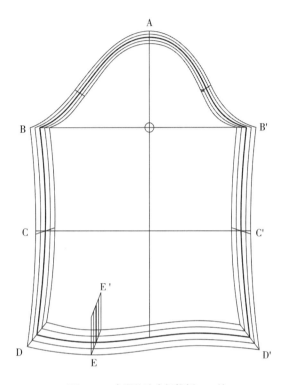

图5-26　中腰位连衣裙推板——袖

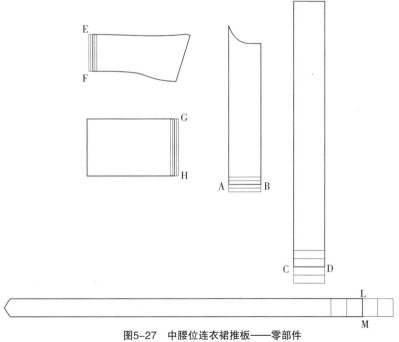

图5-27　中腰位连衣裙推板——零部件

# 第四节　排　料

　　排版是指根据生产的需要,用已经确定的成套样板,按一定的号型搭配和技术标准的各项规定,进行组合套排或单排画样的过程。

　　排版是服装产品成批生产中最重要的一个技术环节,排版的正确、合理与否直接影响到生产的成败、产品质量的好坏以及用料、消耗、成本等一系列问题,因此丝毫不可马虎,否则会带来不可弥补的损失。因此,排料前必须对产品的设计要求和制作工艺了解清楚,对使用的材料性能特点有所认识。排料中必须根据设计要求和制作工艺决定每片样板的排列位置,也就是决定材料的使用方法。合理利用各种排板的工艺技巧,按照制单中生产数量的要求,合理搭配进行套排的规格和件数,最大限度地节约用料,降低生产成本。

## 一、排料的技术要求

　　排料画样总的技术要求可以概括为部件齐全,排列紧凑,丝缕正确,减少空隙,两端齐口,保证质量,节约布料。

### (一)排料的技术要求

#### 1.经纬纱向规定

　　排板画样要按国家标准有关经纬纱向规定或板型的具体要求排画。连衣裙的排料要特别注意经纬纱向的要求,因为它直接影响到连衣裙的缝制质量好坏和穿着后的外观悬垂效果。

　　国家标准有关丝绸连衣裙经纬纱向规定:

　　前衣身:以横开领纵向直线为准,经纱不允许倾斜。

　　后衣身:以背中线为准,经纱不允许倾斜。

　　袖子:经纱不允许倾斜。

　　衣袋(贴袋):经纱倾斜不大于5%,条格面料不允许倾斜。

#### 2.对条对格规定

　　在排料画样时还应注意条格面料的对条对格规定。

　　(1)对条。条形料一般有竖条和横条两种,画样时应注意左右对称,横竖条对准。如横向、竖向或斜向的条形对位;裙子前后中缝左右呈人字形的斜向对条;明贴袋、袋盖与衣身的对条;横领面左右的对称及领中与后中线的对条;过面的拼接对条;袖子左右的对条等等均应按规定排画。

　　(2)对格。对格是横竖方面都要求要相对。如横缝、斜缝上下格子要相对,左右门襟、背缝、前后身摆缝、领中与背缝、袖子与前胸、明贴袋、袋盖与衣身等等,都要求要对格。

　　中华人民共和国纺织工业部1991-08-14批准,1992-04-01实施的FZ81004-91中,有关连衣裙、裙套的对条对格规定见表5-18。

表5-18 连衣裙对条对格规定 单位: cm

| 部位名称 | 对条对格规定 | 备 注 |
|---|---|---|
| 左右前身 | 条料顺直、格料对横,互差不大于0.3 | 遇格子大小不一致,以三分之一上部为主 |
| 左右领尖 | 条格对衬,互差不大于0.3 | 以明显条为主 |
| 后过肩 | 条格顺直,两头对比互差不大于0.4 | 以明显条为主 |
| 袖头 | 条料对衬,互差不大于0.3 | 以明显条为主 |
| 袖子 | 调料顺直,以袖山为准,两袖对衬,互差不大于0.8 | 3以下格料不对横,1.5以下不对条 |
| 裙缝 | 条料顺直,格料对横,互差不大于0.3 | |
| 袖与前身 | 格料袖与前身格料对横,互差不大于0.5 | 3以下格料不对横 |

(3)对条对格方法。常用对条对格方法主要有如下两种:

① 铺料时将条格上下对准,遇有鸳鸯格或倒顺格时要顺向铺料,然后在画样时对好条格部位画准确。

② 将需要对条对格的一片画好,另一片先裁成毛坯,再将两片对准,吻合修剪。

此两种方法各有利弊,前者适于批量生产,铺布时要求严格,但也难免误差;后者适于单裁,费工费时,但准确度高,常用于高档服装。

此外还应注意画样时尽量使需对条对格的部件画在同一纬度线上,可避免原料因纬斜或条格疏密不均而影响对条对格的质量。

### 3. 倒顺毛规定

排料时还应注意原料的倒顺毛或有无倒顺光的情况。倒顺毛是指织物表面绒毛有方向性的倒伏。倒顺光是指有些织物表面虽不是绒毛状的,但由于后整理时轧光等关系,出现有倒顺光的现象,即织物倒顺两个方向的光泽不同,会产生色差的感觉。

对于倒顺毛标准中规定为:全身顺向一致,(长毛原料全身向下,顺向一致)。因此根据标准的规定原则,可将此类织物在排料画样时分两种方法排画:

(1)顺毛排料。对于绒毛较长,倒伏较明显的衣料,如长毛绒、裘皮等,必须顺毛排料,毛峰向下一致,光洁、顺畅、美观。

(2)倒毛排料。对于绒毛较短、如灯芯绒、植绒等织物,往往倒毛方向色彩显得饱满、柔顺,因此,往往采用倒向排料,可避免反光现象,但必须是一件或一套衣服倒顺一致。

### 4. 倒顺花色与对花图案规定

对于面料的花型图案,一般分两种情况:一种是无方向性的排列,如"乱花"和几何图案,对于这类面料,在排画时可不予考虑倒顺问题;另一种则是有一定的倒顺方向,如山水、人物等图案,或花型、颜色有深浅、疏密等情况,则应注意倒顺方向,应以主图案为主,全身向上一致。

对于一些较大花型图案,如团花、龙风、福禄寿等不可分割的花型图案,为保持图案的完整性,在衣服的主要明显部位要对花。因此在排画时要根据图案的大小、主次、距离位置等计划好花型的组合,一般先安排好主图案在前胸与后背的上下、左右位置,再安排袖子、领子等部位对好花型,并保持主要部位的花型完整。一般对花部位有:两前襟、背缝、袖中缝、后领与背中、口袋与前身等。

具体要求如下:

(1)有方向的花型图案不得颠倒,要按花型和文字方向,一律顺向排放。

(2)花型中有顺有倒时,如其中有文字,应按文字方向顺向排放;如花型中无明显倒顺区别时,应按某一主体花纹、花型为主顺向排放;若花型中有倒有顺但无法分辨主要花型的方向时,则允许两件一倒一顺套排,但必须是同件方向统一。

(3)要求对花的部位如:前后身中线左右、尤其胸部左右、两袖与前身,对花要准,排花高低误差不大于 2cm,团花拼接误差不大于 0.5cm。

(4)对花只要求对横而不要求对纵。

### 5. 色差规定

色差也是排料应注意的重要问题,织物在加工的过程中往往会出现大小、部位不同的色差,对于织物色差的大小是用国标 GB250-54《染色牢度褪色样卡》对照检验,标准中对色差由大到小共分五级,即一级色差最大最明显,五级色差最小而不明显。

对于连衣裙的色差规定:衣领与前身、衣袖与前身、袋与前身、左右前身部位,均不得超过四级,其余部分允许四级。

色差在衣料中的表现为色泽的深浅、明暗或彩度的高低,即鲜艳程度等。一般出现在如下四个方面:一种是同色号的料,匹与匹间有色差;二是同匹料的布边与布边或布边与布中间有色差;三是同匹料中前后段有色差;四是素色料的正反面有色差。

对有上述色差料的排画要求:

(1)匹与匹有色差。应尽可能分匹排放,在铺布时应注意不要混匹连铺。

(2)两边有色差。应将部件与零部件之间,需要互相结合的裁片,安排在靠匹一边的地方,使得缝合处色差减少。

(3)两端有色差。排放不宜拉得过长,特别是需要组合的裁片和部件,应尽可能排画在同一纬度线上。

### 6. 拼接规定

服装的某些部位,主附部件,在不影响美观和产品质量以及规格尺寸的情况下,根据国家标准规定允许拼接,在排料时巧妙安排,可节省用料。但应尽可能不拼接,有利于保证产品质量和减少缝制工作量。

允许拼接部位如下:

(1)表面部位拼接

翻领领面:中档允许在后中线处拼接一道,高档不允许拼接。

衬衫袖子:允许拼角,不大于袖肥 1/4。

(2)里拼接

过面:允许在最上一粒扣位下方与最下一粒扣位上方之间拼接。

领里：允许在领中和肩缝两处拼接。

袋盖里：允许在非尖角处拼接。

过肩里：允许在背中线处拼接。

## （二）排料的工艺技巧

为了节省用料，在排料时要力求占用的经向布料长度越短越好，同时，合理安排小部件，减少空隙，即"经短求省，纬满在巧"。只有经过反复实践和摸索，寻找排料画样的规律，根据各种样板的边缘轮廓形态，找出不同样板的结构匹配的互补关系，分析总结出可以归类的规律特征。总之，排料关键要巧，俗有四句口诀可以概括为：

直对直、弯靠弯、斜边颠倒；

先大片、后小块、排满布面；

遇双铺、无倒顺、不分左右；

若单铺、要对称、正反分清。

直对直、弯靠弯、斜边颠倒。是指样板的边有直边和弯边时应直边对直边，弯边靠弯边，遇有斜边时则应相互颠倒排放，使板与板对接紧凑，边与边紧贴，两边并成一边，裁剪时可一刀而成，既省料，又省工，如图 5-28 所示。

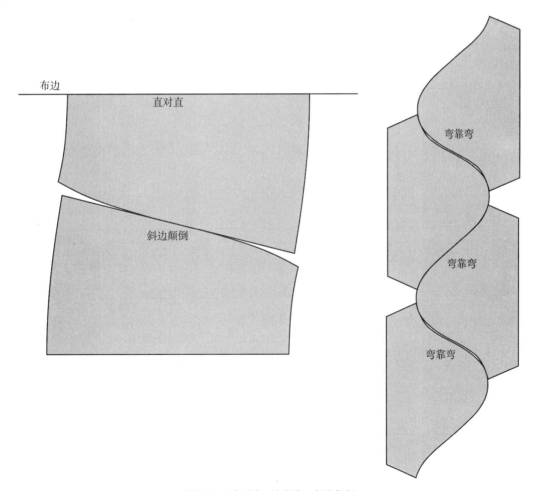

**图5-28　直对直、弯靠弯、斜边颠倒**

　　先大片、后小块,排满布面。是说排板的顺序是先将大片安排就绪,形成定局,然后再安排小块板,将小块板插空而置,排满整个布面,减少空隙,降低损耗,节省用料。

　　遇双铺,无倒顺,不分左右;若单铺,要对称,正反分清。这两句话都是说排板要与所采取的铺布方式相结合,切不可排板归排板、铺布归铺布互不配合的作法。铺布方式归纳起来有"双铺布"和"单铺布"两种,所谓双铺布就是每两层的正面相对,俗称"对脸铺",这时,样板可不分倒顺(无倒顺要求时)、左右、正反,任意排放;若遇单铺,则应分清板的左右、正反,要考虑板的对称关系。

## 二、单件排料图

　　单件排料主要用于样衣试制阶段的裁剪或面料成本粗略估算,既可以采用单幅排料,也可以采用双幅排料。

### (一)刀背缝连衣裙排料

#### 1.成品规格(表5-19)

表5-19　无袖刀背缝分割线连衣裙成品规格表　　　　　　　　单位:cm

| 号/型 | 部位名称 | 后中长 | 胸围 | 腰围 | 臀围 | 肩宽 |
|---|---|---|---|---|---|---|
| 160/84A | 成品尺寸 | 88 | 92 | 74 | 96 | 37.4 |

　　2.幅宽　　144cm。

　　3.用料　　108.048cm(计算:裙长+折边+15cm)。

　　4.排料　　双幅排料,无倒顺要求,如图5-29所示。

### (二)中腰位长袖连衣裙排料

#### 1.成品规格(表5-20)

表5-20　长袖连衣裙规格尺寸表　　　　　　　　单位:cm

| 号/型 | 部位名称 | 后中长 | 胸围 | 腰围 | 臀围 | 肩宽 | 袖长 | 袖口 | 领围 |
|---|---|---|---|---|---|---|---|---|---|
| 160/84A | 成品尺寸 | 98 | 94 | 76 | 98 | 39.4 | 52 | 20/6 | 36 |

　　2.幅宽　　90cm。

　　3.用料　　230.808cm(计算:裙长×2+领宽+折边)。

　　4.排料　　单幅排料,无倒顺要求,如图5-30所示。

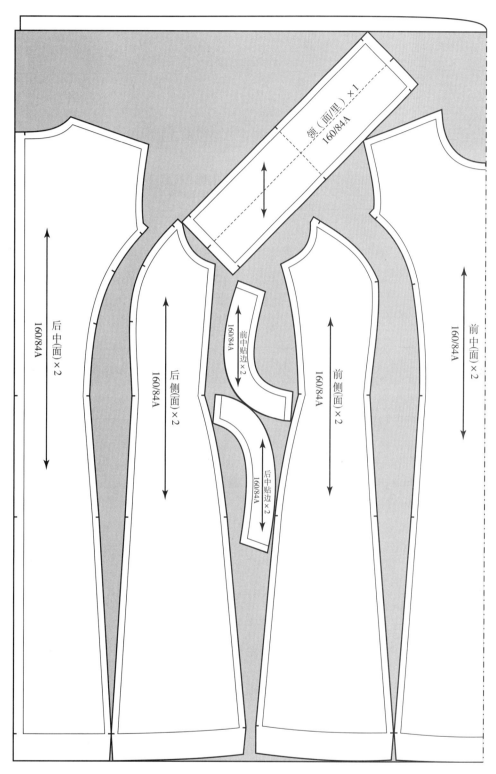

图5-29　刀背缝连衣裙排料图

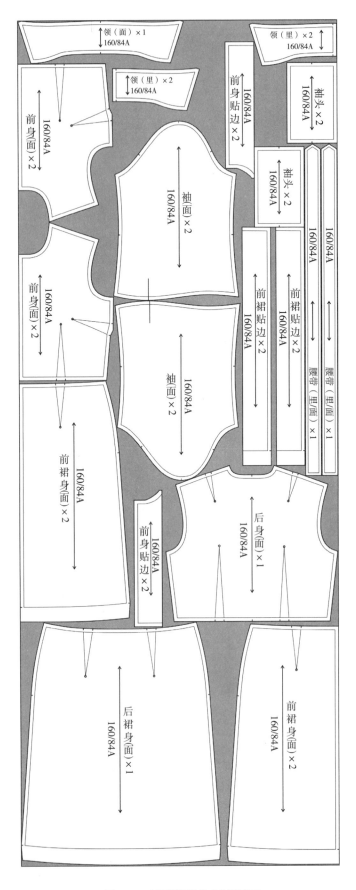

图5-30 中腰位长袖连衣裙排料图

### 三、根据生产通知单排料

根据生产通知单排料相对于单件排料采用套排的方法来节约用料,用于服装批量生产,必须根据生产通知单的要求进行排料。主要包括以下几方面:

1. 核对生产通知单,弄清产品名称、款式、号型、花色、条格、颜色搭配等要求。

2. 检查样板与生产通知单要求是否相符,款式是否正确,规格系列是否齐全。

3. 了解布料正反、倒顺、花型图案、鸳鸯条格及性能等特点,是否需要熨烫或自然回缩等预缩处理或整纬处理,遇有幅宽不等时,应选最窄幅面作为样布。

4. 按照生产通知单的生产数量、号型规格搭配、颜色搭配的要求确定裁剪方案,在反复试排料的基础上,挑选其中最省料的方案确定为最终排料方案。

例如:表5-21是中腰位短袖连衣裙是生产通知单中有关生产数量和规格明细要求,据此可以归纳出各规格生产数量的比例,见表5-22。由此可以确定采用S、M、XL三件套排和ML、L两件套排的裁剪方案,铺料方式既可以采用单铺料,也可以采用双铺料。双铺料铺料时每两层布料面对面为一组,单铺料时注意同一块样板的对称性,避免排成一顺的现象(图5-31~图5-34)。

表5-21　中腰位短袖连衣裙生产数量规格明细表　　　　　单位:件

| 颜色 ＼ 尺码 | S 150/76A | M 155/80A | ML 160/84A | L 165/88A | XL 170/92A | 合计 |
|---|---|---|---|---|---|---|
| 灰色 | 210 | 210 | 420 | 420 | 210 | 1470 |
| 粉色 | 210 | 210 | 420 | 420 | 210 | 1470 |
| 蓝色 | 210 | 210 | 420 | 420 | 210 | 1470 |
|  |  |  |  |  |  |  |
| 合计 | 630 | 630 | 1260 | 1260 | 630 | 4410 |

表5-22　中腰位短袖连衣裙生产数量规格比例表

| 尺码 | S 150/76A | M 155/80A | ML 160/84A | L 165/88A | XL 170/92A |
|---|---|---|---|---|---|
| 比例 | 1 | 1 | 2 | 2 | 1 |

S、M、XL三件套排:单铺料,幅宽110cm,用料455.36cm,如图5-31,图5-32所示;

ML、L两件套排:单铺料,幅宽110cm,用料317.27cm,如图5-33,图5-34所示。

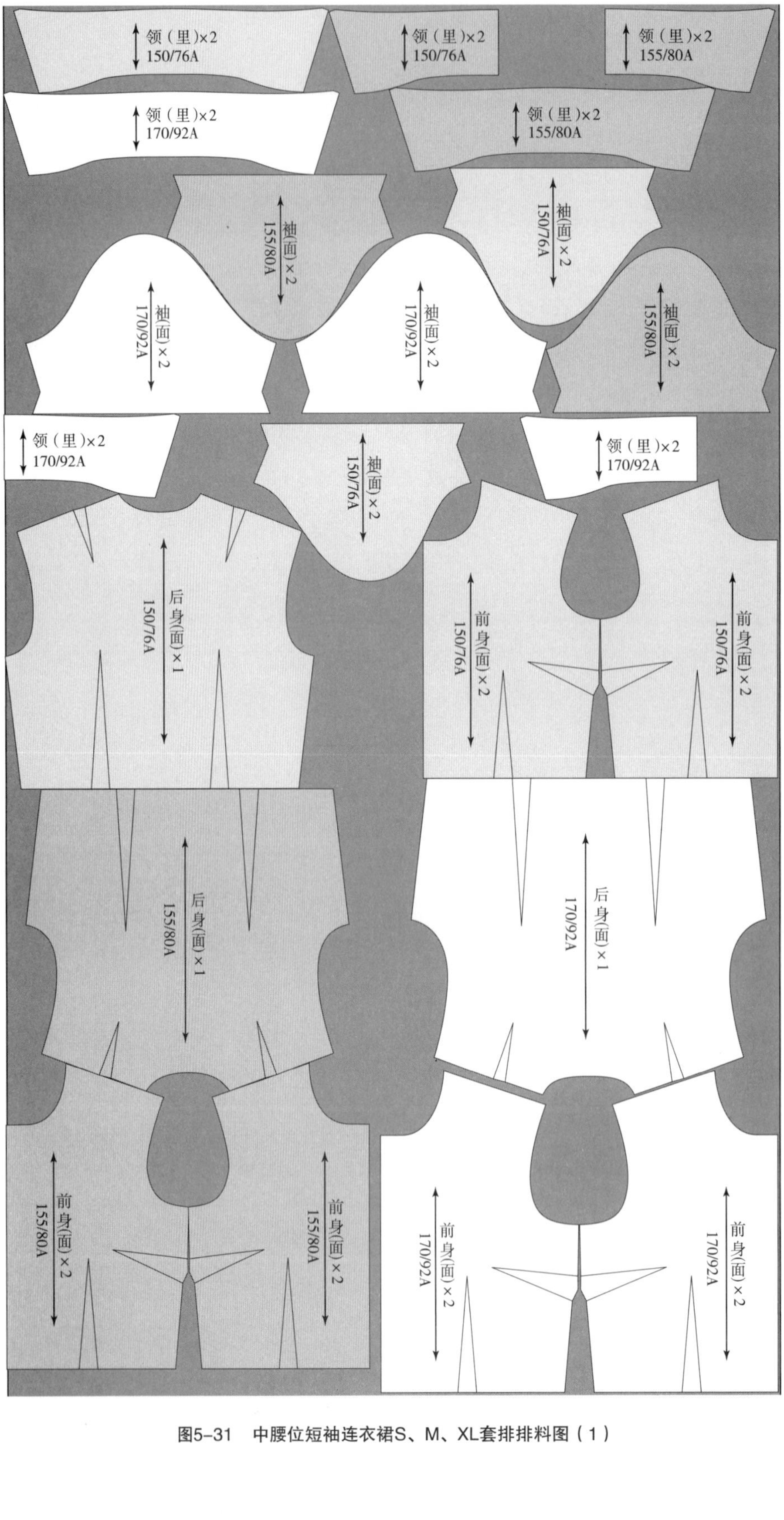

领（里）×2
150/76A

领（里）×2
150/76A

领（里）×2
155/80A

领（里）×2
170/92A

领（里）×2
155/80A

袖(面)×2
155/80A

袖(面)×2
150/76A

袖(面)×2
170/92A

袖(面)×2
170/92A

袖(面)×2
155/80A

领（里）×2
170/92A

袖(面)×2
150/76A

领（里）×2
170/92A

后身(面)×1
150/76A

前身(面)×2
150/76A

前身(面)×2
150/76A

后身(面)×1
155/80A

后身(面)×1
170/92A

前身(面)×2
155/80A

前身(面)×2
155/80A

前身(面)×2
170/92A

前身(面)×2
170/92A

图5-31　中腰位短袖连衣裙S、M、XL套排排料图（1）

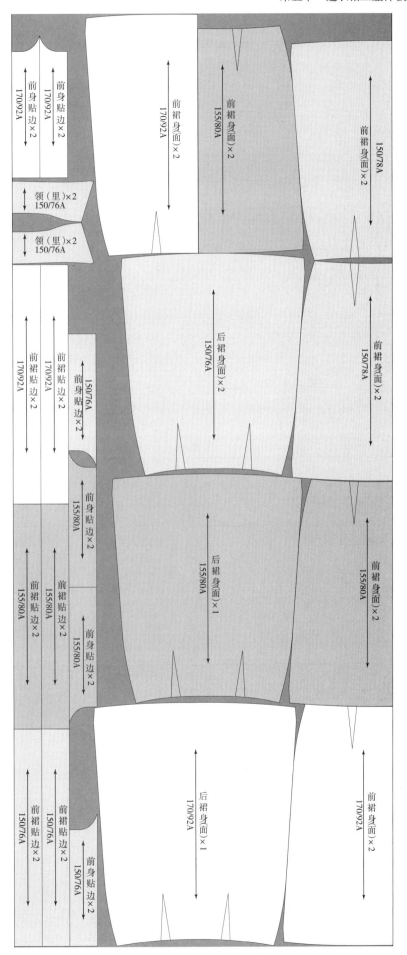

图5-32　中腰位短袖连衣裙S、M、XL套排排料图（2）

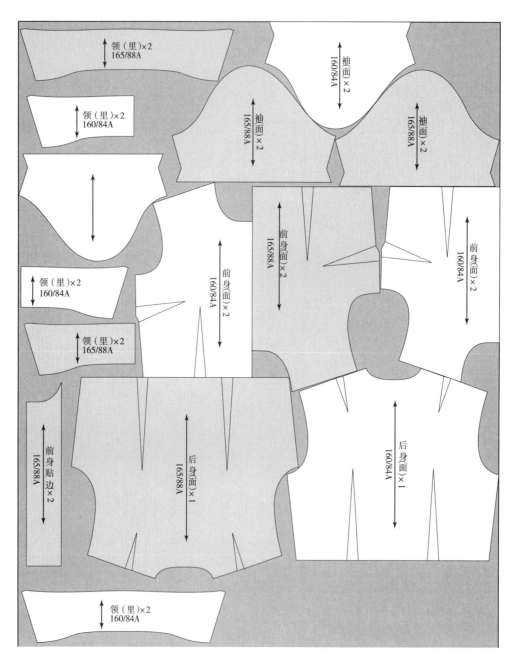

图5-33 中腰位短袖连衣裙ML、XL套排排料图（1）

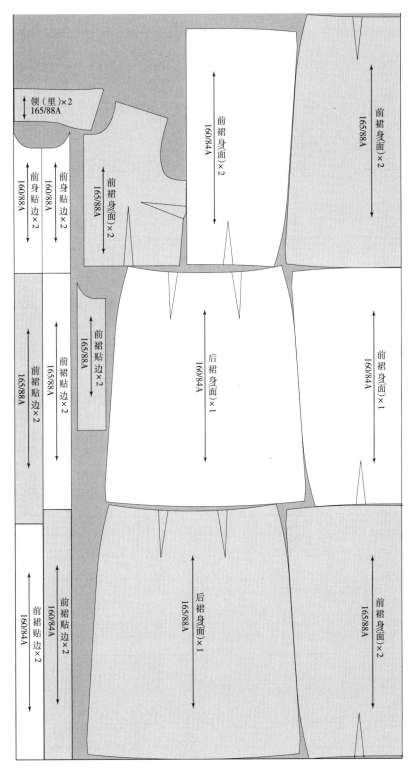

图5-34　中腰位短袖连衣裙ML、XL套排排料图（2）

思考题：

1. 制作连衣裙工业样板都包含哪些工作内容？每一步需要注意什么？

2. 基准点的确定在推板过程中有何意义？

3. 如何合理确定连衣裙推板的基准点？

4. 连衣裙排料的技术要求和工艺技巧是什么？

# 第六章
# 连衣裙样衣制作工艺

## 第一节　连衣裙制作的技术要求

### 一、缝制的技术要求

连衣裙缝制的技术要求主要有以下几点：

#### 1. 各部位规格符合标准与要求

表 6-1 为连衣裙成品主要部位规格允许偏差。

表6-1　连衣裙成品主要部位规格允许偏差

| 部位名称 | 允许偏差（cm） | 备　注 |
|---|---|---|
| 领　围 | ± 0.6 | 关门领 |
| 袖　长 | ± 0.8 |  |
| 连肩袖长 | ± 1 |  |
| 胸　围 | ± 2 | 5·4系列 |
| 肩　宽 | ± 0.8 |  |
| 腰　围 | ± 1 | 5·2系列 |
| 连衣裙长 | ± 2 |  |
| 臀　围 | ± 2 | 5·4系列 |

#### 2. 缝制规定

（1）针距密度要求，见表6-2。

表6-2　针距密度要求

| 项　目 | 针距密度 |
|---|---|
| 明线、暗线 | 3cm 不少于 12 针 |
| 包缝线 | 3cm 不少于 12 针 |
| 机锁眼 | 1cm 11~15 针 |
| 机钉扣 | 每孔不少于 6 根线 |
| 手工钉扣 | 双线二上二下绕三绕 |
| 手工桥针 | 3cm 不少于 4 针 |

（2）各部位缝制平服,线路顺直、整齐、牢固、松紧适宜。

装领左右对称,领头、领角长短一致,里紧外略松,有窝势。领面无起皱、无起泡,不起涟形,针脚整齐无跳针,压缉领面要离领里脚 0.1cm,不能缉牢领里脚,离开领里脚,但不能超出 0.3cm。装袖圆顺,层势均匀,肩缝对准袖中线剪口。两袖长短一致。省缝左右对称,长短一致,缉线平服。衣身腰省要与裙身腰省对准,前后相同。门襟长短一致,纽扣高低对齐。底边宽窄一致,缉线顺直,不能起涟形。

（3）商标、号型标志位置端正。

（4）距 60cm 目测,对称部位基本一致。

（5）装饰物(绣花、镶嵌)牢固、平服。

（6）线头修净,缝线不能有跳针或浮线。

### 3. 整烫要求

各部位熨烫平整,外观整洁,无烫黄、烫焦现象,无污渍。

## 二、连衣裙工序分析

工序是构成作业系列(流水线)的分工上的单元,是生产过程的基本环节,是工艺过程的组成部分。它既是组成生产过程的基本环节,也是产品质量检验、制定工时定额和组织生产过程的基本单位。在服装生产过程中,由于专用机器设备和劳动分工的不同,服装制品生产过程往往分成若干个工艺阶段,每个工艺阶段又分成不同的工种和一系列上下联系的工序。

工序分析就是将产品的加工过程,划分为若干独立的最小操作单元。工序分析是服装生产组织的关键环节和前提,特别对流水化生产具有很强的指导意义。工序分析是否合理,将直接影响生产效率和产品的质量。工序分析的方法和步骤一般包括:划分最细工序、确定工序的技术等级、确定机器设备的配置和确定劳动定额。

通过绘制工序流程图,可以使作业人员快速了解产品的整个生产过程,明确自己担任的工作内容。工序流程图包括衣片部件工序流程分析和整件服装工序流程分析图。图 6-1 是腰带部件工序,图 6-2 是连衣裙工序编制示意图,图 6-3 是前开门、关门领连衣裙工艺流程图。

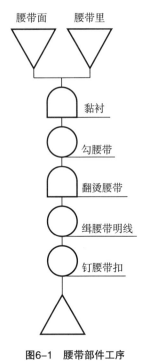

图6-1　腰带部件工序

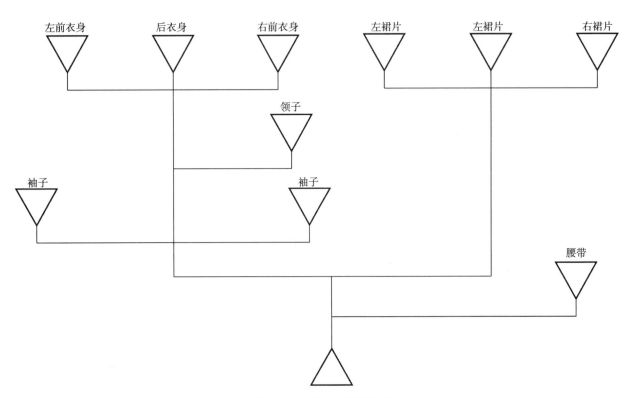

图6-2　连衣裙工序编制示意图

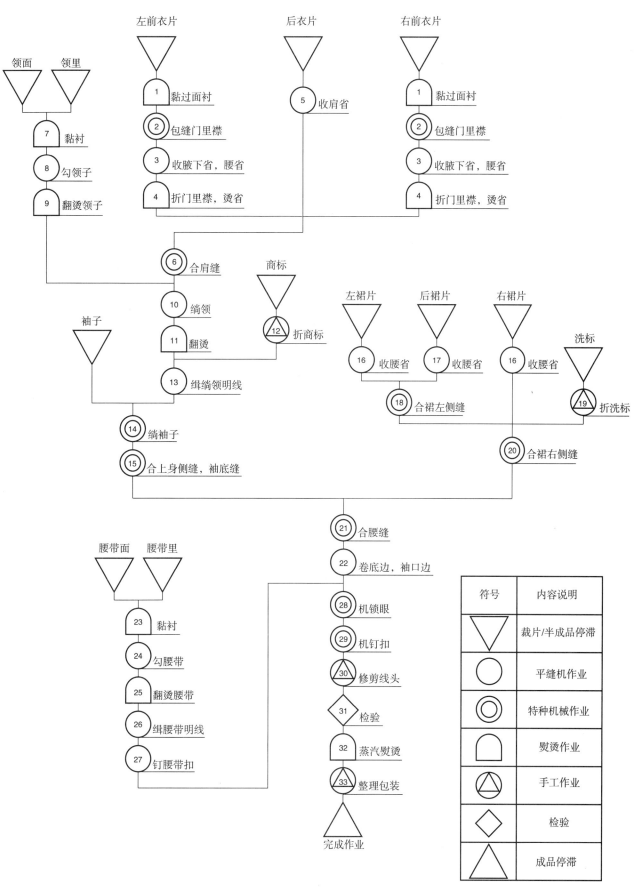

图6-3　前开门，关门领连衣裙工艺流程图

# 第二节　连衣裙缝制工艺

## 一、缝制工艺要领

以图6-3中短袖连衣裙为应用实例（款式特点是关门领、前开门、有腰线、短袖散袖口），介绍主要工序的操作方法和关键部位的缝制工艺要领。

### （一）压烫门襟衬

将前衣身反面朝上，在门襟处烫上无纺黏合衬，如图6-4所示。

### （二）衣片收省（图6-5）

#### 1.缉省道

把前片腋下省、腰省，后片肩省、腰省，分别按剪口位置对折缉线。缉线要顺，省尖要缉尖，左右片缉线长短要一致。

#### 2.扣烫省缝

各省缝按缉线扣烫匀顺，各省折向是腋下省向上倒，前腰省向前中线倒，后肩省和后腰省向后中线倒，省尖部的胖形要烫散。

### （三）缝合肩缝

将前后衣片正面相对，前片在上，缝合肩缝。注意肩缝两端对齐，后肩略有吃势。包缝后，缝份向后熨倒，如图6-6所示。

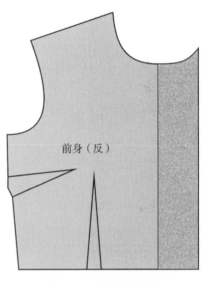

图6-4　门襟黏衬部位图

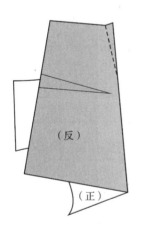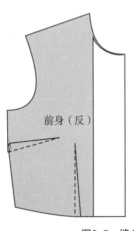

图6-5　缝合省缝

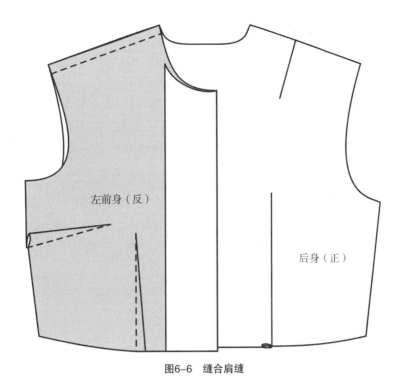

**图6-6　缝合肩缝**

## （四）做领子

### 1. 烫领衬

在领面和领里的反面烫粘合衬，如图6-7（1）所示。

### 2. 勾领子

领面与领里正面相对，沿领子净样外沿0.1cm处勾缝领子外口和领尖，注意掌握里外容量，领角部位约需层势0.3cm，使领角有窝势，如图6-7（2）所示。

### 3. 翻烫领子

修剪领角缝份后，沿缉线里侧0.1cm把缝份向领面扣烫，用锥子把领角翻出。领里止口不能外露，左右领角要对称。最后修整领子底口，并做出左右肩缝对档标记，如图6-7（3）和图6-7（4）所示。

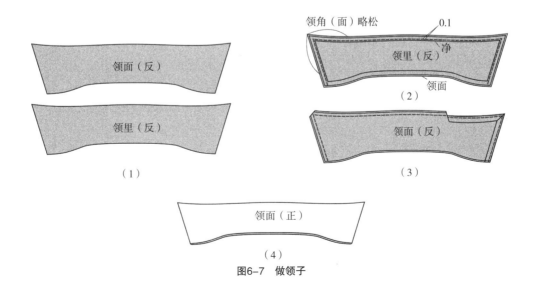

**图6-7　做领子**

（五）绱领子（图6-8）

1. 绱领子暗线

从左襟领口开始装，前领对准搭门剪口，过面按止口剪口折转，把领子夹在中间，领底口与衣身领口的缝份对齐车缝，在距过面1cm处上下四层一起打剪口至接近车缝线，然后把过面和领面一起掀起，领里与衣身领口缝份对齐继续绱线。两端相同，后领中剪口和领窝剪口对准，左右肩缝的剪口相距一致，使领子左右对称。

2. 压领子明线

先把过面翻出，领面底口扣0.8cm缝份，过面缝份塞进领面，压领面明线0.1cm，两端打倒针。注意领面要盖住绱领暗线，领面明线不能绱着下面的领里，左右肩缝对档剪口和后领中剪口不能偏斜，保证领面平服，不起涟形。

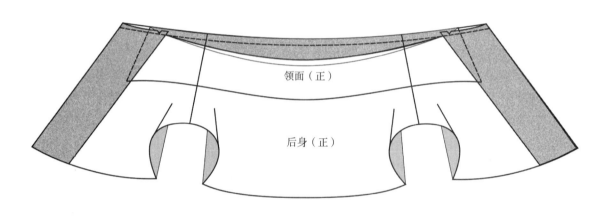

（1）

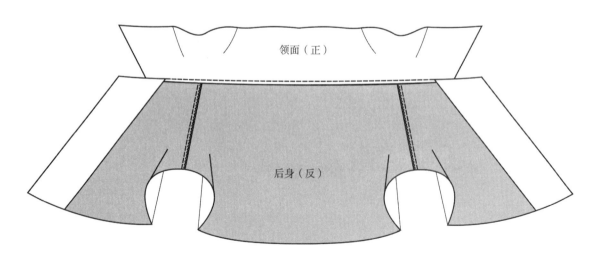

（2）

图6-8　绱领子

## （六）绷袖子（图 6-9）

袖片与衣片正面相对，前后袖缝分别与前后侧缝对齐，袖山头剪口对准肩缝，袖山与袖窿缝份对齐，车缝 1cm 缝份后包缝，缝份倒向袖子一侧。

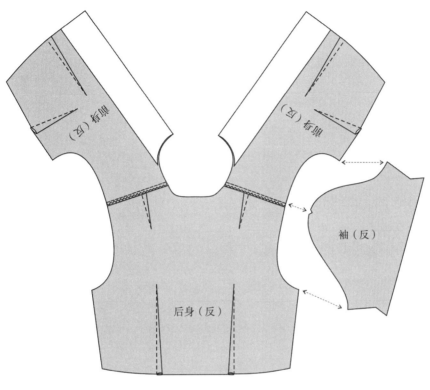

图6-9　绷袖子

## （七）缝合侧缝与袖底缝（图 6-10）

前后衣片的侧缝对齐，袖片的前后袖缝对齐，正面相对，从腰线开始连续车缝侧缝和袖底缝。缉至袖窿处，把绷袖缝份向袖子折倒，并把十字缝对准。缉好后包缝，并把缝份倒向后身烫平。

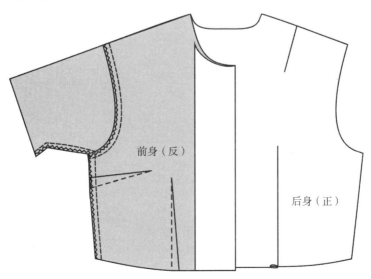

图6-10　缝合侧缝和袖底缝

**（八）裙片收省（图6-11）**

**1.缉省道**

把前后裙片腰省分别按剪口位置对折缉线。缉线要顺,省尖要缉尖,左右片缉线长短要一致。

**2.扣烫省缝**

前后裙片腰省分别向前中线和后中线烫倒,省尖部的胖形要烫散。

**（九）缝合前后裙片（图6-11）**

前后裙片正面相对,前片在上,缝合两侧缝,包缝后,缝份向后裙片烫倒。

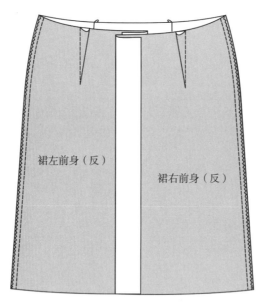

图6-11    缉腰省、缝合裙片

**（十）缝合腰缝（图6-12）**

衣片和裙片正面相对,衣片在上,缝合腰线。缝合时衣身与裙片的前后腰省、侧缝和后中线均要对齐。

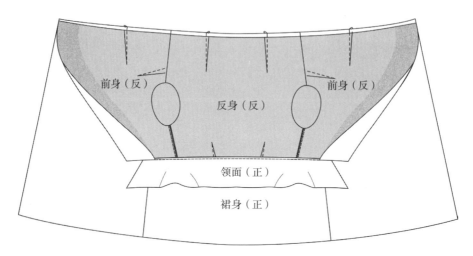

图6-12    缝合腰缝

（十一）车缝裙摆和袖口（图 6-13 ）

**1. 缉底边过面**

将过面向正面折转,距底边 4cm 缉线一道,将过面固定。

**2. 卷底边**

将过面翻出,裙摆反面朝上,先折 1cm 光边,再折成 3cm 等宽光边,缉 0.1cm 明线。要求缉线要顺直,折边宽窄要一致。

**3. 缉袖口**

先折 1cm 光边,再折成 3cm 等宽光边,缉 0.1cm 明线。要求缉线要顺直,折边宽窄要一致。

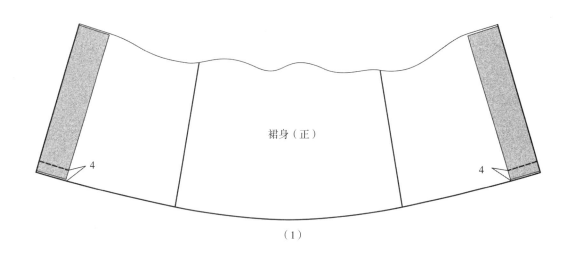

（1）

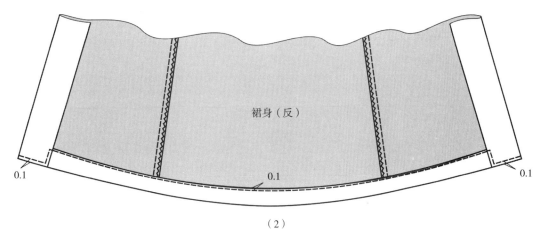

（2）

图6-13 缝底边

（十二）做腰带

腰带面贴黏合衬,里、面对齐勾缝后翻出,再缉 0.8cm 明线。腰带一端穿进腰带扣中轴,折转后缉明线固定,腰带另一端为剑头形状,剑头尖长 1.5cm。

## （十三）锁眼、钉扣

先按定位板画出锁眼和钉扣的位置，再分别锁眼和钉扣。

## （十四）整烫成品

一件连衣裙缝制完成后，要先检查一遍，剪净线头，如发现污渍，要清洗干净后，再用蒸汽熨斗进行熨烫。熨烫时，将连衣裙反面在外，将腋下省、肩省、前后腰省和左右肩缝、侧缝熨烫平服，在领子反面将领角熨烫平整，袖口、裙摆底边逐段熨烫平整。

# 二、样衣确认

## （一）样衣确认

样衣试制完成后，要对其进行评价，必须经过板师、客户和生产车间的三方确认，并填写样衣确认、鉴定表（表6-3），方可投入大货生产。鉴定内容主要包括以下几方面：

1. 面、辅料选择是否符合客户要求；
2. 服装规格、样板板型、加工工艺、加工质量等方面是否符合订单要求；
3. 样衣实物整体是否达到客户满意。

表6-3　样衣确认、鉴定表

| 订单编号 | | 通知单编号 | | 服装款式图： |
| --- | --- | --- | --- | --- |
| 产品名称 | | 客户名称 | | |
| 号型系列 | | 生产数量 | | |
| 试制车间（小组） | | 试样负责人 | | |
| 样衣试制数量 | | 小批量生产数量 | | |
| 试制中存在问题 | | | | |
| 协商处理意见 | | | | |
| 确认意见（确认人签字）： | | | | 年　月　日 |

## （二）封样

样衣确认后，下一步要进行封样工作。封样就是对有关的资料进行存档。通过封样一方面可以澄清客户对产品材料、服装质量、技术要求等方面未表达清楚的问题，另一方面可以处理由于某种原因，样衣在试制后无法达到原订单要求的问题。封样需经生产企业和客户有关各方共同确认并填写封样单（表6-4），加盖封样章，方可生效。

表6-4　服装产品的封样单

| 产品名称 | | 合同编号 | |
|---|---|---|---|
| 销往地区 | | 商　标 | |
| 规格尺寸 | | 生产批量 | |
| 封样记录 | | | |
| 封样结论 | 签名：　　　　　　　　　　　　年　　月　　日 | | |

在封样记录中要将封样过程中双方达成的协议明确记录下来；在封样结论中明确表达封样结果，是否同意投产；封样日期必须填写清楚，以便明确责任。

**思考题：**

1. 连衣裙样衣制作的技术要求是什么？
2. 举例说明连衣裙板型设计和工艺设计的结合？
3. 在服装生产实际过程中，样衣确认的重要性是什么？

# 第七章
# 样板与样衣管理

样板和样衣是企业技术成果的体现,建立和完善样板和样衣的保管和领用制度,可以保证样板和样品的完好,积累企业的技术资料,节约人力、物力,在需要时可以立即提取使用,更好地为生产和经营服务。

## 第一节　样板与样衣保存

企业样品,包括自行设计和客户提供的样品和样板,包括尚未使用或已经批量生产过的样品及其样板,都应统一集中交样品库和样板库由专人保管。

### 一、样板与样衣保存原则

#### 1. 样板和样衣的登记

样板和样衣入库应做好签收手续,逐件登帐立卡。登帐内容包括样衣名称、来源、件数、编号等,样衣上的吊牌应与账面相符;样板的产品型号、名称、销往地区、订货数量、合同或订货单编号,样板规格和分档数,面子样板、里子样板、衬样板、定位样板及净样板的块数。

#### 2. 样板和样衣的保管

样板和样衣的存放仓库要保持干燥、通风、整洁的环境,并要具有防火、防盗、防虫咬等安全措施。保持库内样衣的整洁、美观、平挺、不走样、不虫蛀、不发霉,以便随时调用;保持样板的完整性,不得随意修改、拆散和代用。保管时间超过一年的样板,再度领出使用时,对各档规格要复查,防止纸样收缩或变形。有条件的企业也可以利用服装 CAD 软件储存样板的电子档案。

#### 3. 样板和样衣的清点

样板和样衣库应建立每月清点或每年清点的制度,对无保留价值的样衣做出处理意见。样板保管期一般为 3~5 年,过期样板如已失去使用价值的应在企业内部自行销毁,不要流失在外,对规范的长期使用的款式样板也可以长期保存(表 7-1 )。

表7-1　样衣清点记录表

编号：

| 库存样衣数： | | | 借出样衣数： | | | 出售样衣数： | | |
|---|---|---|---|---|---|---|---|---|
| 款式号 | 类别 | 数量 | 款式号 | 类别 | 数量 | 款式号 | 类别 | 数量 |
| | | | | | | | | |
| | | | | | | | | |
| | | | | | | | | |
| | | | | | | | | |
| 合计 | | | 合计 | | | 合计 | | |
| 相关说明：（时间、结果等） | | | | | | | | |
| | | | | | | 主管： | 经办人： | |
| | | | | | | | | |

制表人：　　　　　　　　　　　　　　　　　　　　　填表日期：　　　年　　月　　日

## 二、样板与样衣入库流程

　　样板与样衣入库时必须按要求逐项检查样板和样衣的件数和完好性,并填写样衣入库记录单（表 7-2）和样板入库记录单（表 7-3）,分门别类放到预定位置,方便以后调用。

表7-2　样衣入库记录单

编号：

| 序号 | 订单号 | 产品名称 | 销往地区 | 样衣来源 | 样衣数量 | 面料种类 | 保留期 | 备注 |
|---|---|---|---|---|---|---|---|---|
| | | | | | | | | |
| | | | | | | | | |
| | | | | | | | | |
| | | | | | | | | |
| | | | | | | | | |
| | | | | | | | | |

制表人：　　　　　　　　　　　　　　　　　　　　　填表日期：　　　年　　月　　日

表7-3　样板入库记录单

编号：

| 序号 | 订单号 | 产品名称 | 销往地区 | 样板规格 | 样板数量 | 制作人 | 保留期 | 备注 |
|---|---|---|---|---|---|---|---|---|
| | | | | | | | | |
| | | | | | | | | |
| | | | | | | | | |
| | | | | | | | | |
| | | | | | | | | |
| | | | | | | | | |

制表人：　　　　　　　　　　　　　　　　　　　　　填表日期：　　　年　　月　　日

# 第二节 样板与样衣领用

## 一、样板与样衣领用原则

任何个人和部门领用样板和样衣都应办理领用手续,而且领用样板和样衣无论时间长短和数量多少,均需由技术部门或样板和样品负责人签证同意才准办理领用手续,填写样板和样衣领用单。

样板和样衣在使用期间,应由使用部门负责保管,不得损坏和遗失,归还时应保持样板的完整和样衣的完好。

样板和样衣使用完毕一周内,必须如期归还样板库和样衣库,不得中途转借给其他部门,如发生转借,原样板和样衣经手人应负主要责任。

外单位借用样板和样衣的审批权为企业主要负责人。

## 二、样板与样衣出库流程

样板和样衣的领用必须在办理相关的审批手续,填写样衣领用记录单(表7-4)和样板领用记录单(表7-5)后,方可出库。

表7-4 样衣领用记录单

编号:

| 领用时间 | 样衣编号 | 领用部门 | 领用数量 | 归还时间 | 领用人员 | 审批人 | 备注 |
|---|---|---|---|---|---|---|---|
|  |  |  |  |  |  |  |  |
|  |  |  |  |  |  |  |  |
|  |  |  |  |  |  |  |  |
|  |  |  |  |  |  |  |  |
|  |  |  |  |  |  |  |  |
| 上级主管部门审批意见: | | | | | | | |

保管员: 　　　　　　　　　　　　　　　　　填表日期: 　年　月　日

表7-5 样板领用记录单

编号:

| 订单号 | | 产品名称 | | 备 注 |
|---|---|---|---|---|
| 样板规格 |  |  |  |  |
| 样板数量 | 面料样板数 |  |  |  |
|  | 里料样板数 |  |  |  |
|  | 附件样板数 |  |  |  |
|  | 样板总数 |  |  |  |
| 领用记录 | 领用日期 | | 年　月　日 | |
|  | 归还日期 | | 年　月　日 | |
| 样板保管人 |  | 领用人 | | 审批人 |

思考题:

1.在服装企业中,样板与样衣的管理工作过程中需要注意什么?

2.深入某一家服装企业进行实际调研,总结该企业在样板与样衣的管理工作过程中是否存在问题? 如何改进?

# 第八章
# 流行连衣裙板型设计范例

## 范例一　V字领连肩袖连衣裙

### 一、款式特点

　　裙身采用合体六片身结构,前身高腰线,后身无腰线,V字形领口,连肩袖,胸部采用褶皱设计,前裙摆处设有开衩,方便活动（图8-1～图8-5）。

　　成衣规格见表8-1。

表8-1　成衣规格　单位:cm

| 号型 | 160/84A |
| --- | --- |
| 裙长 | 85 |
| 胸围 | 92 |
| 腰围 | 72 |
| 臀围 | 94 |

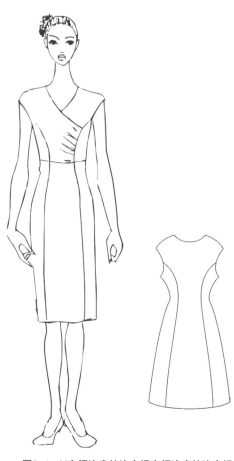

图8-1　V字领连肩袖连衣裙字领连肩袖连衣裙

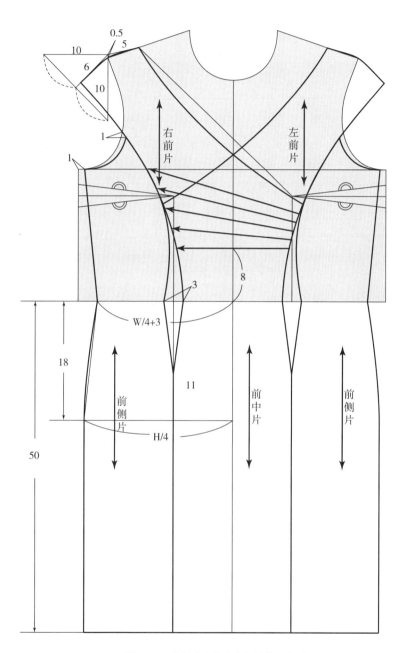

图8-2　V字领连肩袖连衣裙结构图（1）

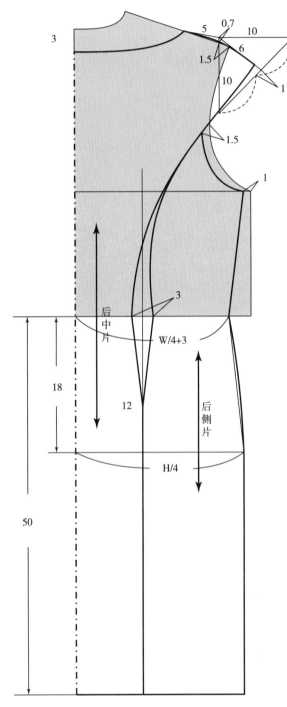

图8-3    V字领连肩袖连衣裙结构图（2）

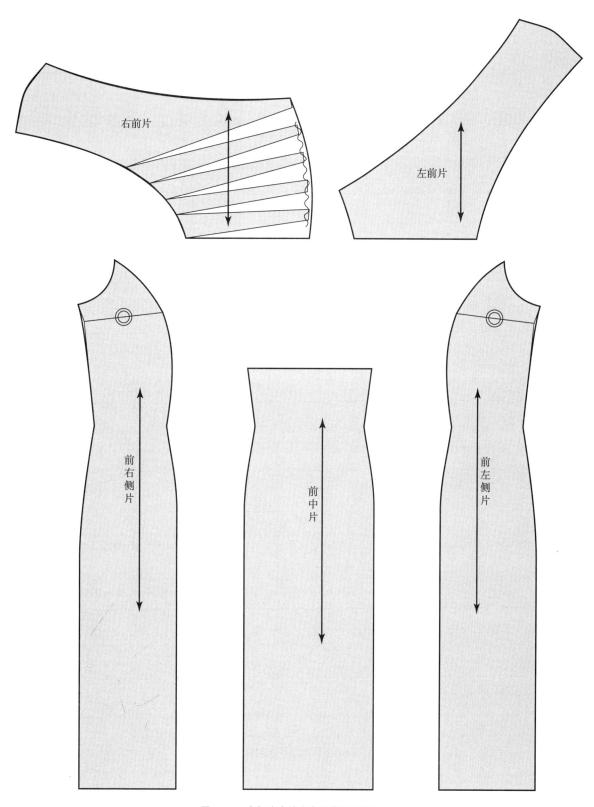

图8-4　V字领连肩袖连衣裙前身纸样图

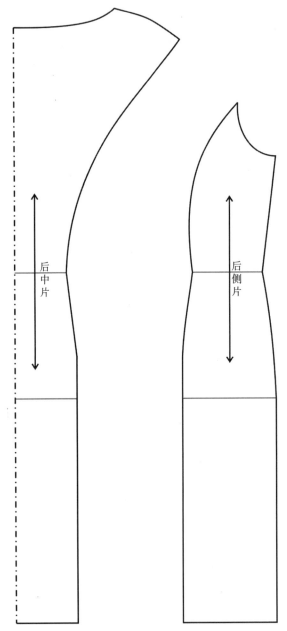

图8-5　V字领连肩袖连衣裙后身纸样图

# 范例二 高腰小礼服裙

## 一、款式特点

裙身采用高腰线,合体四片身结构,V字形领口,无袖,胸部采用褶皱设计,后身中缝处装拉链,方便穿着(图8-6～图8-8)。

成衣规格见表8-2。

表8-2 成衣规格 单位:cm

| 号型 | 160/84A |
|---|---|
| 裙长 | 105 |
| 胸围 | 90 |
| 腰围 | 72 |
| 臀围 | 98 |
| 肩宽 | 36 |

图8-6 高腰小礼服裙

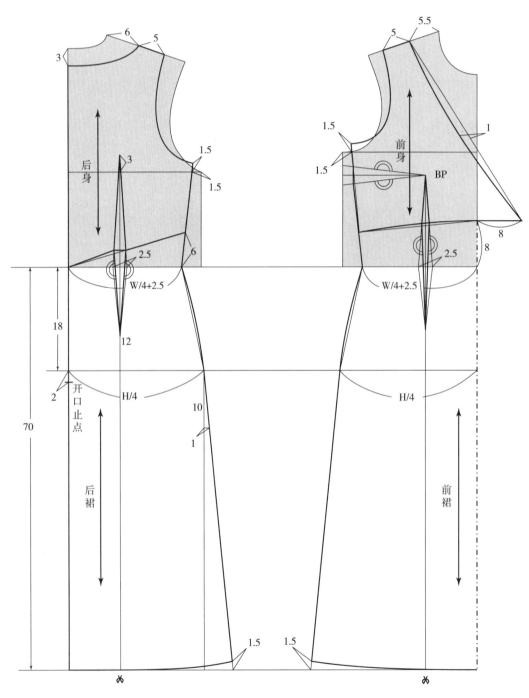

图8-7   高腰小礼服裙结构图

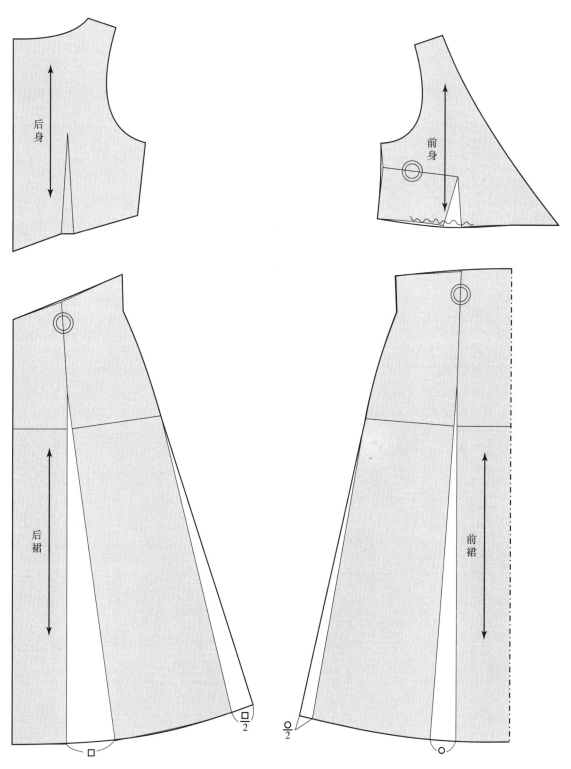

图8-8　高腰小礼服裙纸样图

# 范例三　小翻领公主线连衣裙

## 一、款式特点

裙身采用无腰线的合体八片身结构,小翻领,前开门,侧缝处设有开衩,无袖,窄肩(图 8-9 ～图 8-11 )。

成衣规格见表 8-3。

表8-3　成衣规格　　单位:cm

| 号型 | 160/84A |
| --- | --- |
| 裙长 | 113 |
| 胸围 | 92 |
| 腰围 | 74 |
| 臀围 | 96 |
| 肩宽 | 30.4 |

图8-9　小翻领公主线连衣裙

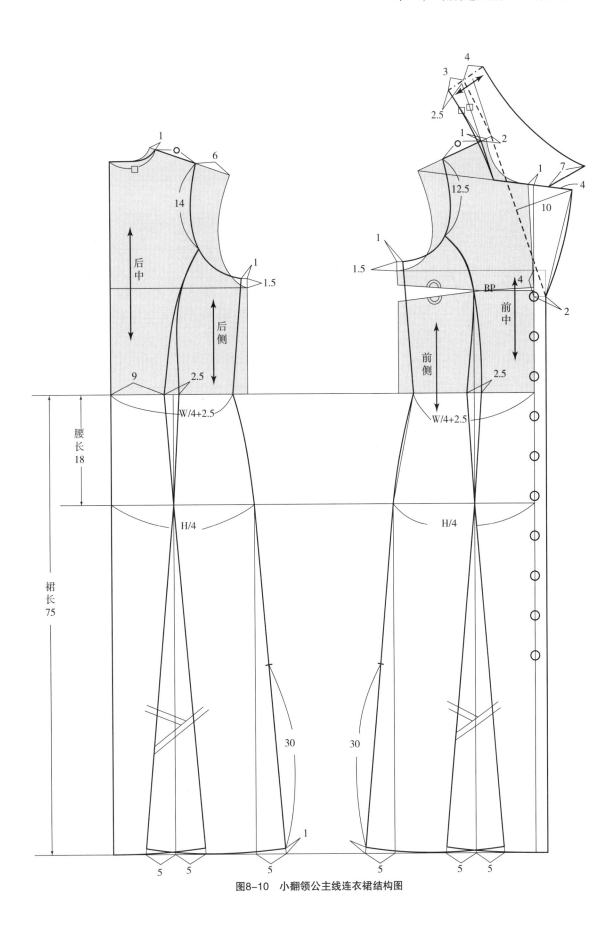

图8-10　小翻领公主线连衣裙结构图

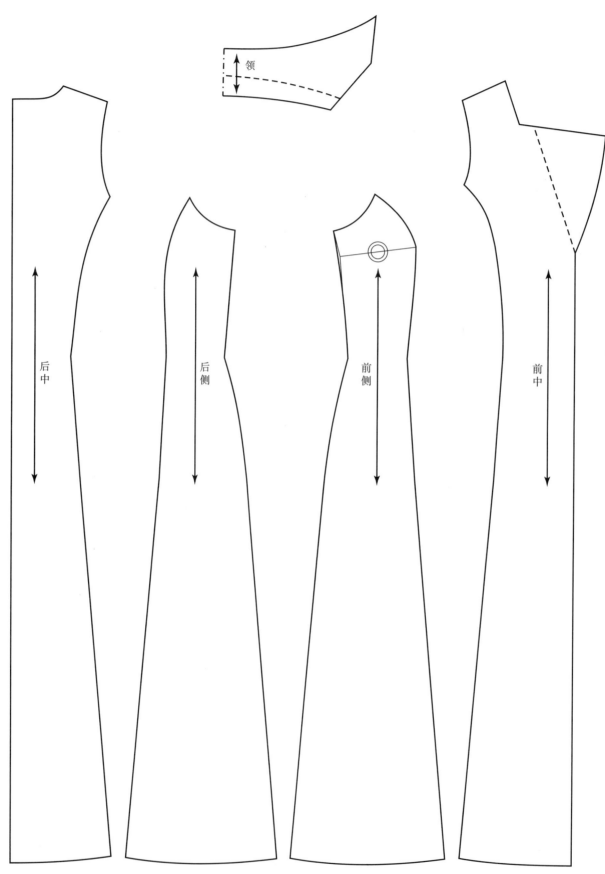

图8-11    小翻领公主线连衣裙纸样图

# 范例四　荷叶领披肩连衣裙

## 一、款式特点：

裙身采用有腰线的合体四片身结构,荷叶领,无袖,窄肩,整体呈X造型,十分活泼可爱(图8-12～图8-14)。

成衣规格见表8-4。

表8-4　成衣规格　单位:cm

| 号型 | 160/84A |
|---|---|
| 裙长 | 92.8 |
| 胸围 | 92 |
| 腰围 | 74 |
| 肩宽 | 35.4 |

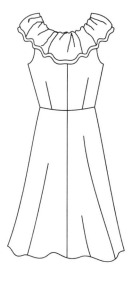

图8-12　荷叶领披肩连衣裙

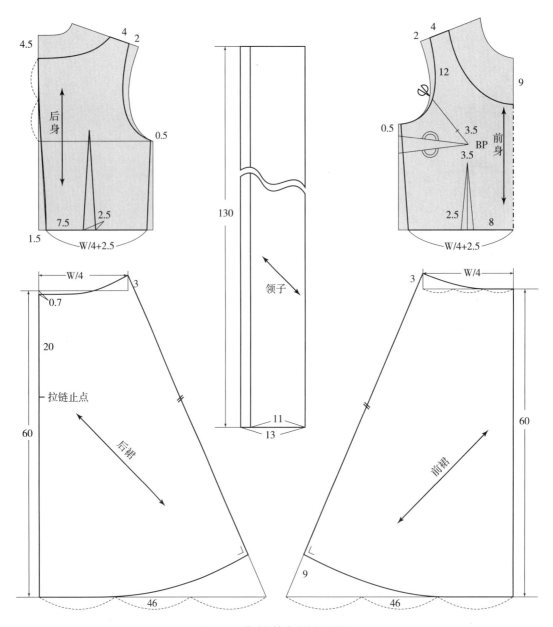

图8-13　荷叶领披肩连衣裙结构图

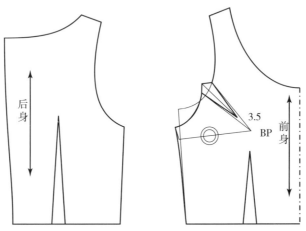

图8-14　荷叶领披肩连衣裙纸样图

# 范例五 圆领披肩袖连衣裙

## 一、款式特点

上身采用公主线的合体结构,圆领,披肩袖抽碎褶后夹缝于上身的公主线分割缝中,窄肩,裙身腰部抽碎褶,系扎丝织腰带,下摆宽松飘逸,是柔美型淑女的典型装扮(图 8-15~图 8-17)。

成衣规格见表 8-5。

表8-5 成衣规格　单位:cm

| 号型 | 160/84A |
|------|---------|
| 裙长 | 98 |
| 胸围 | 94 |
| 腰围 | 70 |
| 臀围 | 31.4 |
| 肩宽 | 15 |

图8-15 圆领披肩袖连衣裙

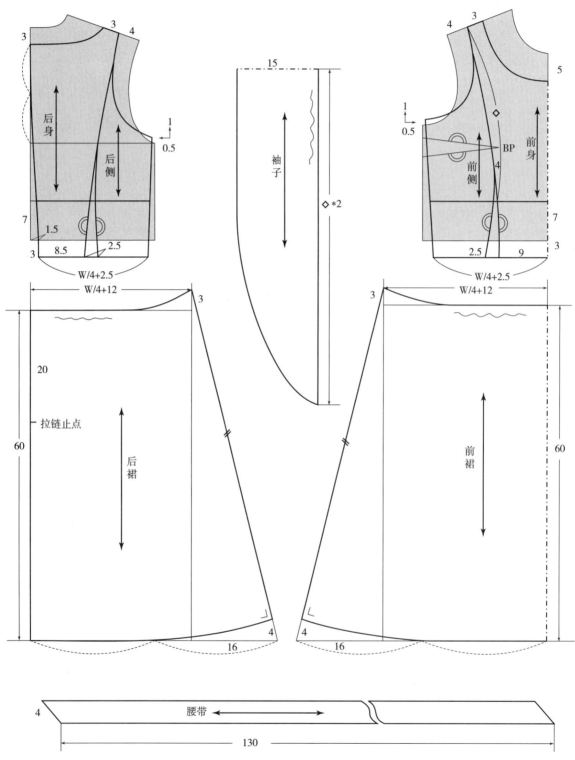

图8-16  圆领披肩袖连衣裙结构图

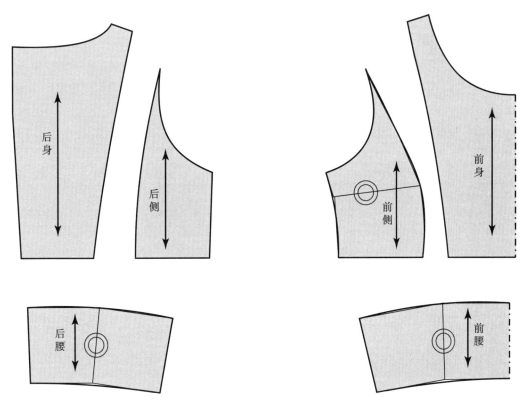

图8-17　圆领披肩袖连衣裙纸样图

# 范例六　荷叶披肩领连衣裙

## 一、款式特点

　　上身采用公主线的合体结构,荷叶披肩领,裙摆呈喇叭形,既可方便活动,又可与荷叶领上下呼应,大方而且端庄的派对装扮(图8-18 ～图8-22 )。

　　成衣规格见表8-6。

表8-5　成衣规格　单位:㎝

| 号型 | 160/84A |
|---|---|
| 裙长 | 108.5 |
| 胸围 | 92 |
| 腰围 | 70 |
| 臀围 | 94 |
| 肩宽 | 37.4 |
| 袖长 | 15 |

图8-18　荷叶披肩领连衣裙

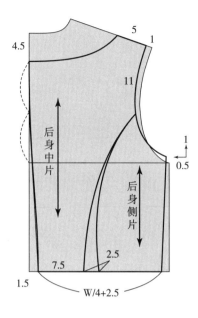

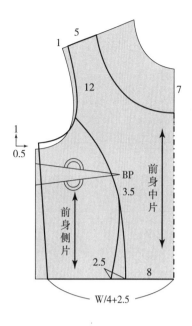

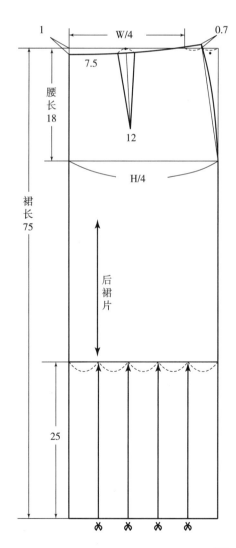

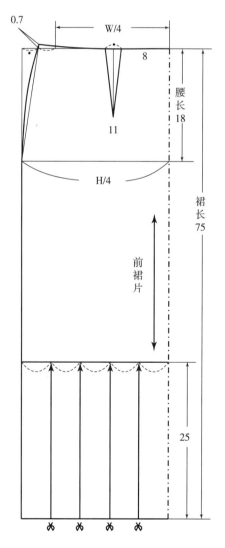

图8-19　荷叶披肩领连衣裙结构图（1）

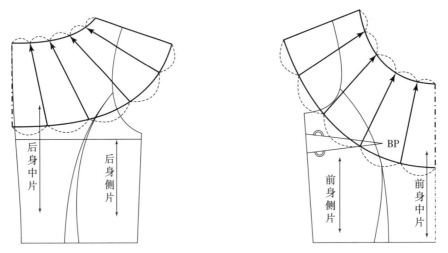

图8-20　荷叶披肩领连衣裙结构图（2）

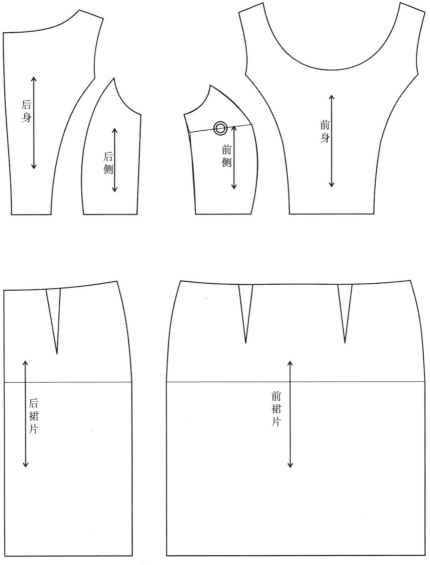

图8-21　荷叶披肩领连衣裙纸样图（1）

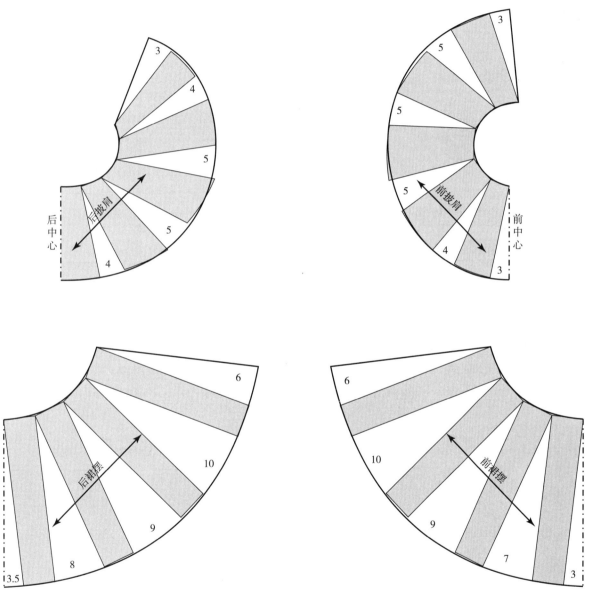

图8-22 荷叶披肩领连衣裙纸样图（2）

# 附录1  女装原型

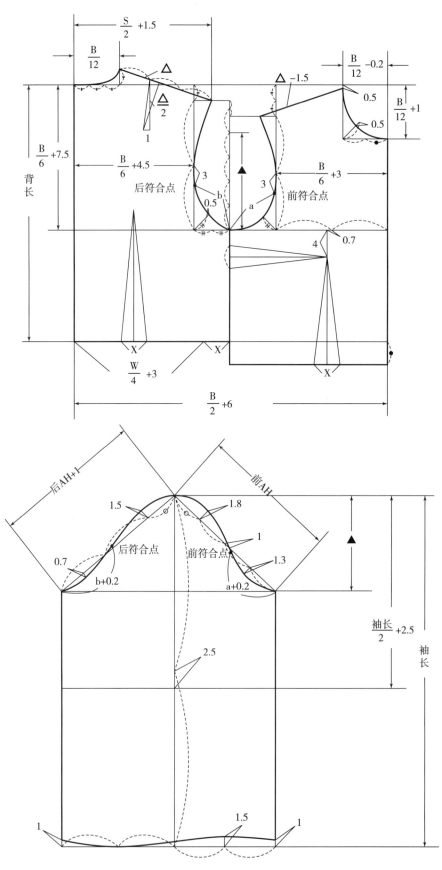

# 附录2　中国女性人体参考尺寸（女子5·4系列A体型，单位：cm）

| 部位 ＼ 号型 | 150/76 | 155/80 | 160/84 | 165/88 | 170/92 |
|---|---|---|---|---|---|
| 1. 胸围 | 76 | 80 | 84 | 88 | 92 |
| 2. 腰围 | 60 | 64 | 68 | 72 | 76 |
| 3. 臀围 | 82.8 | 86.4 | 90 | 93.6 | 97.2 |
| 4. 颈围 | 32 | 32.8 | 33.6 | 34.4 | 35.2 |
| 5. 上臂围 | 25 | 26.5 | 28 | 29.5 | 31 |
| 6. 腕围 | 14.4 | 15.2 | 16 | 16.8 | 17.6 |
| 7. 掌围 | 18 | 19 | 20 | 21 | 22 |
| 8. 头围 | 54 | 55 | 56 | 57 | 58 |
| 9. 肘围 | 22 | 23 | 24 | 25 | 26 |
| 10. 腋围 | 36 | 37 | 38 | 39 | 40 |
| 11. 身高 | 150 | 155 | 160 | 165 | 170 |
| 12. 颈椎点高 | 128 | 132 | 136 | 140 | 144 |
| 13. 坐姿颈椎点高 | 58.5 | 60.5 | 62.5 | 64.5 | 66.5 |
| 14. 前腰节 | 39 | 40 | 41 | 42 | 43 |
| 15. 背长 | 36 | 37 | 38 | 39 | 40 |
| 16. 全臂长 | 47.5 | 49 | 50.5 | 52 | 53.5 |
| 17. 肩至肘 | 28 | 28.5 | 29 | 29.5 | 30 |
| 18. 腰至臀 | 16.8 | 17.4 | 18 | 18.6 | 19.2 |
| 19. 腰至膝 | 55.2 | 57 | 58.8 | 60.6 | 62.4 |
| 20. 腰围高 | 92 | 95 | 98 | 101 | 104 |
| 21. 股上长 | 23.4 | 24.2 | 25 | 25.8 | 26.6 |
| 22. 肩宽 | 37.4 | 38.4 | 39.4 | 40.4 | 41.4 |
| 23. 胸宽 | 31.6 | 32.8 | 34 | 35.2 | 36.4 |
| 24. 背宽 | 32.6 | 33.6 | 35 | 36.2 | 37.4 |
| 25. 乳间距 | 15.4 | 16.2 | 17 | 17.8 | 18.6 |

# 附录3　常用服装制图符号

| 序号 | 名　称 | 符　号 | 说　明 |
|---|---|---|---|
| 1 | 制成线 | | 粗实线:表示完成线,是纸样制成后的实际边际线<br>粗虚线:表示连裁纸样的折线 |
| 2 | 辅助线 | | 细实线:是制图的辅助线,对制图起引导作用 |
| 3 | 等分线 |  | 线段被等分成两段或多段 |
| 4 | 尺寸替代<br>符号 | ○ △ ▲ □ ◎ | 图中以相同符号标示相等尺寸 |
| 5 | 直角 | | 表示在此处两线呈 90° 角 |
| 6 | 重叠 |  | 表示此处为纸样相交重叠的部位 |
| 7 | 剪切 |  | 剪切箭头所指向需要剪切的部位 |
| 8 | 合并 | 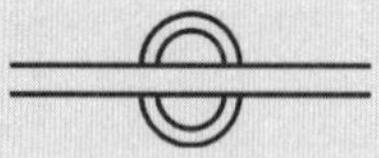 | 表示两片纸样相合并、整形 |
| 9 | 尺寸标注线 | 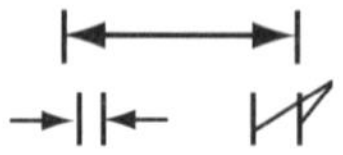 | 用以标注长度或距离的辅助线 |
| 10 | 内轮廓线 | | 细虚线:表示衬里、内袋等的轮廓线 |
| 11 | 贴边线 | | 粗点划线:表示衣片贴边、过面、驳领的翻折不可裁<br>开或需折转的线条 |
| 12 | 省略符号 |  | 表示省略长度 |

# 附录4 常用服装工艺符号

| 序号 | 名 称 | 符 号 | 说 明 |
|---|---|---|---|
| 1 | 布纹线（经向线） | ←——→ | 表示面料的经向 |
| 2 | 倒顺线 | ——→ | 纸样中的箭头与毛绒面料的毛向一致或图案的正向一致 |
| 3 | 省 | | 表示省的位置和形状 |
| 4 | 活褶 | | 表示活褶的位置和形状 |
| 5 | 缩褶 | | 表示此处需缩缝 |
| 6 | 拔开 | | 标示需用熨斗将缺量拔开的位置 |
| 7 | 归拢 | | 标示需用熨斗将余量归拢的位置 |
| 8 | 对位 | 或 | 表示衣片缝合时相吻合的位置 |
| 9 | 明线 | - - - - - - | 表示明线的位置和特征(针/cm) |
| 10 | 锁眼位 | ⊢——⊣ | 纽眼的位置 |
| 11 | 钉扣位 | ⊕ | 纽扣的位置 |
| 12 | 正面标记 | □ | 表示材料的正面 |
| 13 | 反面标记 | ⊠ | 表示材料的反面 |
| 14 | 对条 | | 表示此处需要对条 |
| 15 | 对格 | | 表示此处需要对格 |
| 16 | 对花 | | 表示此处需要对花 |
| 17 | 净样号 | | 表示不带有缝份的纸样 |
| 18 | 毛样号 | | 表示带有缝份的纸样 |
| 19 | 拉链 | | 表示此处装有拉链 |
| 20 | 花边 | | 表示此处饰有花边 |
| 21 | 罗纹标记 | | 表示此处有罗纹,常用在领口和袖口处 |

# 附录5　服装常见部位简称

| 简称 | 英文名称 | 中文名称 |
| --- | --- | --- |
| B | Bust | 胸围 |
| UB | Under Bust | 乳下围(又称中胸围) |
| W | Waist | 腰围 |
| MH | Middle Hip | 腹围 |
| H | Hip | 臀围 |
| BL | Bust Line | 胸围线 |
| MBL | Middle Bust line | 中胸线 |
| WL | Waist Line | 腰围线 |
| MHL | Middle Hip Line | 腹围线 |
| HL | Hip Line | 臀围线 |
| EL | Elbow Line | 肘围线 |
| KL | Knee Line | 膝围线 |
| AC | Across Chest | 胸宽 |
| AB | Across Back | 背宽 |
| AH | Arm Hole | 袖窿弧长 |
| SNP | Side Neck Point | 侧颈点 |
| BNP | Back Neck Point | 后颈点 |
| FNP | Front Neck Point | 前颈点 |
| SP | Shoulder Point | 肩端点 |
| S | Shoulder | 肩宽 |
| BP | Bust Point | 胸点 |
| HS | Head Size | 头围 |
| CF | Centre Front | 前中线 |
| CB | Centre Back | 后中线 |
| SL | Sleeve Length | 袖长 |
| WS | Wrong Side | 反面 |

# 附录6　服装部位中英文对照名称

1. Waist width relaxed/extended 腰围（放松测量 / 拉开测量）

2. Waistband height 腰头高

3. High hip 3" Below WB 上臀围（臀围以上 3" 不含腰头）

4. Low hip 7" Below WB 下臀围（腰下 7" 不含腰头）

5. Length from TOP of WB 裤长（含腰头）

6. Side seam length – Straight 侧缝直线长

   Outseam top WB 裤外长（含腰头）

   Outseam below WB 裤外长（不含腰头）

7. Inseam 裤内长

8. Front rise below WB 前裆（不含腰头）

   Front rise top WB 前裆（含腰头）

9. Back rise below WB 后裆（不含腰头）

   Back rise top WB 后裆（含腰头）

10. Thigh– 1" from crotch 大腿围 / 横裆（胯下 1"）

11. Knee 12" from crotch 膝围（胯下 12"）

12. Leg opening 裤口

13. Fly Front Opening 裤门襟开口

14. Pocket Bag Length/ Width 袋长 / 宽

15. Pocket Opening 袋开口

16. Back Length （后）衣长

17. Bust/Chest 胸围

18. Across Chest 胸宽

19. Across Back 背宽

20. Shoulder 肩宽

21. Shoulder Length 小肩宽

22. Back Waist Length 背长

23. Sleeve Length （From Shoulder）袖长（从肩点起量）

24. Sleeve Length （From Side of Neck）连袖长（含小肩宽）

25. Sleeve Length （From Center Back Neck）肩袖长（从后颈中心起量）

26. Upper Arm 袖肥

27. Elbow Width 肘宽

28. Cuff （Relaxed/Extended） 袖口（放松测量 / 拉开测量）

29. Arm Hole 袖窿弧长

30. Neck Circumference （Relaxed/Extended） 领围（放松测量 / 拉开测量）

31. Neck Width 领宽

32. Neck Drop 领深

33. Sweep 下摆

34. Hood Height 帽高

35. Hood Height 帽高

注：WB 即 waistband

# 参考文献

［1］张宏仁.服装企业板房实务［M］.北京：中国纺织出版社,2009

［2］刘瑞璞.服装纸样设计原理与技术（女装编）［M］.北京：中国纺织出版社,2005

［3］张文斌.服装工艺学：结构设计分册［M］.北京：中国纺织出版社,2001

［4］戴鸿.服装号型标准及其应用［M］.北京：中国纺织出版社,2001

［5］孙颁.服装制图［M］.北京：中国纺织出版社,1995

［6］阁玉秀.女装结构设计［M］.浙江：浙江大学出版社,2005

［7］吴宇，王培俊.服装设计基础［M］.北京：中国轻工业出版社,2001

［8］吴俊.服装跟单实务［M］.上海：东华大学出版社,2008

［9］刘国伟，惠洁.服装生产制度化管理［M］.北京：化学工业出版社,2008

［10］日本文化服装学院.服饰造型讲座3.女衬衫 · 连衣裙［M］.张祖芳等，译.上海：东华大学出版社,2004

［11］杨新华，李丰.工业化成衣结构原理与制版［M］.北京：中国纺织出版社,2007